ARTIFICIAL
INTELLIGENCE

U0222081

人工智能**超**入门丛书

INTRODUCTION TO

REINFORCEMENT

LEARNING

# 强化学习

## 人工智能如何知错能改

龚超 王冀 梁霄 贵宁 著

化学工业出版社
·北京·

## 内容简介

"人工智能超入门丛书"致力于面向人工智能各技术方向零基础的读者，内容涉及数据素养、机器学习、视觉感知、情感分析、搜索算法、强化学习、知识图谱、专家系统等方向。本丛书体系完整、内容简洁、语言通俗，综合介绍了人工智能相关知识，并辅以程序代码解决问题，使得零基础的读者能够快速入门。

《强化学习：人工智能如何知错能改》是"人工智能超入门丛书"中的分册，以科普的形式讲解了强化学习的核心知识，内容生动有趣，带领读者走进强化学习的世界。本书包含强化学习方向的基础知识，如动态规划、时序差分等，让读者在开始学习时对强化学习有初步的认识；之后，通过对马尔可夫决策过程及贝尔曼方程的解读，逐渐过渡到强化学习的关键内容；同时，本书也重点解析了策略迭代与价值迭代两种核心算法，也对蒙特卡洛方法、时序差分算法、深度强化学习及基于策略的强化学习算法进行了深度剖析。本书内容结构完整、逻辑清晰、层层递进，并配有相关实例与代码，让读者在阅读学习过程中能够加深理解。

本书适合强化学习及人工智能方向的初学者阅读学习，也可供高等院校人工智能及计算机类专业的师生参考。

## 图书在版编目（CIP）数据

强化学习：人工智能如何知错能改 / 龚超等著 . —
北京：化学工业出版社，2024.5
（人工智能超入门丛书）
ISBN 978-7-122-45282-5

Ⅰ.①强⋯　Ⅱ.①龚⋯　Ⅲ.①人工智能 - 普及读物
Ⅳ.① TP18-49

中国国家版本馆 CIP 数据核字（2024）第 058013 号

责任编辑：雷桐辉　　　　　　　　　装帧设计：王晓宇
责任校对：宋　夏

出版发行：化学工业出版社
　　　　　（北京市东城区青年湖南街13号　邮政编码100011）
印　　装：北京新华印刷有限公司
880mm×1230mm　1/32　印张7¾　字数177千字
2024年8月北京第1版第1次印刷

购书咨询：010-64518888　　　　　售后服务：010-64518899
网　　址：http://www.cip.com.cn
凡购买本书，如有缺损质量问题，本社销售中心负责调换。

定　　价：69.80元　　　　　　　　　　　版权所有　违者必究

新一代人工智能的崛起深刻影响着国际竞争格局，人工智能已经成为推动国家与人类社会发展的重大引擎。2017 年，国务院发布《新一代人工智能发展规划》，其中明确指出：支持开展形式多样的人工智能科普活动，鼓励广大科技工作者投身人工智能知识的普及与推广，全面提高全社会对人工智能的整体认知和应用水平。实施全民智能教育项目，在中小学阶段设置人工智能相关课程，逐步推广编程教育，鼓励社会力量参与寓教于乐的编程教学软件、游戏的开发和推广。

为了贯彻落实《新一代人工智能发展规划》，国家有关部委相继颁布出台了一系列政策。截至 2022 年 2 月，全国共有 440 所高校设置了人工智能本科专业，387 所高等职业教育（专科）学校设置了人工智能技术服务专业，一些高校甚至已经在积极探索人工智能跨学科的建设。在高中阶段，"人工智能初步"已经成为信息技术课程的选择性必修内容之一。在 2022 年实现"从 0 到 1"突破的义务教育阶段信息科技课程标准中，明确要求在 7 ～ 9 年级需要学习"人工智能与智慧社会"相关内容，实际上，1 ～ 6 年级阶段信息技术课程的不少内容也与人工智能关系密切，是学习人工智能的基础。

人工智能是一门具有高度交叉属性的学科，笔者认为其交叉性至少体现在三个方面：行业交叉、学科交叉、学派交叉。在大数据、算法、算力三驾马车的推动下，新一代人工智能已经逐步开始赋能各个行业。人工智能也在助力各学科的研究，近几年，《自然》等顶级刊物不断刊发人工智能赋能学科的文章，如人工智能推动数学、化学、生物、考古、设计、音乐以及美术等的发展。人工智能内部的学派也在不断交叉融合，像知名的 AlphaGo，就是集三大主流学派优势，并且现在这种不同学派间取长补短的研究开展得如火如荼。总之，未来的学习、工作与生活中，人工智能赋能的身影将无处不在，因此掌握一定的人工智能知识与技能将大有裨益。

从笔者长期从事人工智能教学、研究经验来看，有些人对人工智能还存在一定的误区。比如将编程与人工智能直接画上了等号，又或是认为人工智能就只有深度学习等。实际上，人工智能的知识体系十分庞大，内容涵盖相当广泛，不但有逻辑推理、知识工程、搜索算法等相关内容，还涉及机器学习、深度学习以及强化学习等算法模型。当然，了解人工智能的起源与发展、人工智能的道德伦理对正确认识人工智能和树立正确的价值观也是十分必要的。

通过对人工智能及其相关知识的系统学习，可以培养数学思维（mathematical thinking）、逻辑思维（reasoning thinking）、计算思维（computational thinking）、艺术思维（artistic thinking）、创新思维

（innovative thinking）与数据思维（data thinking），即 MRCAID。然而遗憾的是，目前市场上既能较综合介绍人工智能相关知识，又能辅以程序代码解决问题，同时还能迅速入门的图书并不多见。因此笔者编写了本系列图书，以期实现体系内容较全、配合程序操练及上手简单方便等特点。

本书将带您走进强化学习的奇妙世界。强化学习，作为人工智能领域的一个重要分支，近年来在理论研究和实际应用中都取得了显著进展。本书旨在为读者提供一个全面而深入的强化学习概览，从历史背景到未来趋势，从基本概念到复杂算法。

第 1 章介绍强化学习的基本概念和关键要素，并比较它与监督学习、无监督学习的区别。本章还探讨了三个强化学习的主要方法：试错、动态规划和时序差分，以及它们与深度学习和跨界应用中的融合，旨在让读者能够快速了解强化学习的相关内容。第 2 章探讨了马尔可夫决策过程和贝尔曼方程，这两个概念是理解和实施强化学习算法的基石。通过探索网格迷宫等例子，来直观理解这些数学工具的实际应用。本章介绍的动态规划是解决强化学习问题的一种经典方法。第 3 章详细介绍了策略迭代和价值迭代这两种核心算法，并通过实例和代码演示来加深理解。第 4 章开始转向无模型的强化学习方法。蒙特卡洛方法在强化学习中的应用广泛，本章不仅解释了其在强化学习中的基本原理，还通过 21 点这样的游戏环境，展示了蒙特卡洛方法在强化学习中的应用，如何从经验中直接学习策略而无须环境模型。第 5 章仍然探讨无模型的强化学习方法，引入时序差分的概念。时序差分是强化学习中的核心算法之一，它结合了蒙特卡洛方法的样本效率和动态规划的引导特性。本章给出了 Sarsa 算法和 Q-Learning 算法的原理，并通过悬崖漫步的实际案例来阐释这些概念。第 6 章重点介绍了强化学习与深度学习的结合，这是强化学习一个热门的研究领域，本章介绍了 DQN 及其变种，此外还讨论了神经网络如何提升强化学习算法的性能。第 7 章讨论了基于策略的强化学习算法，如策略梯度算法、REINFORCE 算法以及 Actor-Critic 算法。这些算法在处理高维动作空间时显示出了其独特的优势。本书的附录部分包含了 Gym 库的使用、博弈理论以及如何衡量收益的相关内容。

本书的出版要感谢曾提供热情指导与帮助的院士、教授、中小学教师等专家学者，也要感谢与笔者一起并肩参与写作的其他作者，同时还要感谢化学工业出版社编辑老师们的热情支持与一丝不苟的工作态度。

在本书的出版过程中，未来基因（北京）人工智能研究院、腾讯教育、阿里云、科大讯飞等机构给予了大力支持，在此一并表示感谢。

另外，还需要感谢北京航空航天大学的吴越博士以及清华大学本科生陈硕同学，他们也为本书做出了重要贡献。

最后，还要特别鸣谢西北工业大学计算机学院的张世周老师，张老师对本书提供的诸多宝贵建议和支持使得本书得以顺利完成，并在内容质量上得到了显著提升。

希望这本书能够帮助读者更好地快速理解和应用强化学习。由于笔者水平有限，书中内容不可避免会存在疏漏，欢迎广大读者批评指正并提出宝贵的意见。

龚超

2023年12月于清华大学

# 目录

# 附录 203

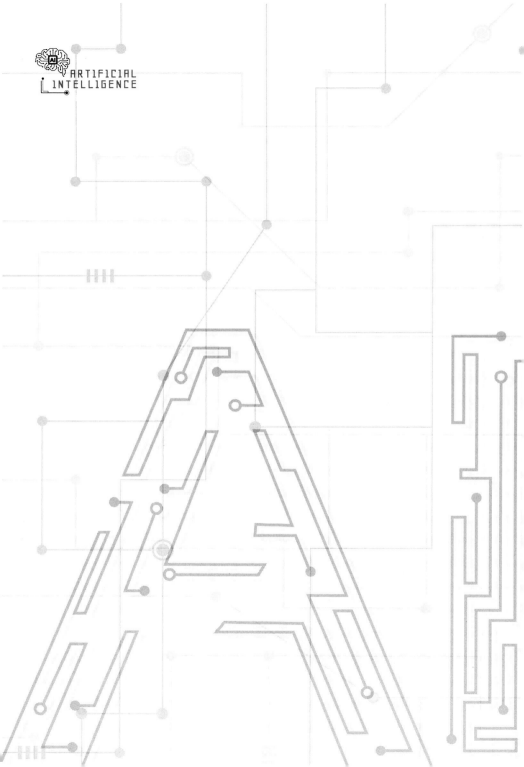

# 第 1 章

# 强化学习概述

# 1.1　什么是强化学习

## 1.1.1　初识强化学习

人类的学习过程，往往伴随着与外界环境的交互。婴儿学习走路的过程，可以看作一种人类与环境互动的学习过程。在这个过程中，婴儿需要通过不断地尝试和调整自己的行走姿势来逐渐掌握行走技能。在这个过程中，婴儿可以从环境中获得一些反馈信号，例如走路时的平衡感、身体的稳定性等，这些反馈信号有助于婴儿调整自己的步伐和姿势，最终掌握行走技能。

在人工智能中，有一种学习方式与之类似，那就是强化学习（reinforcement learning）。强化学习的灵感之一正是来源于人类行为学习的过程。强化学习与人类和动物的学习方式有很多相似之处，因此可以被视为模拟人类和动物的学习过程的一种方法。强化学习是一个多学科交叉的领域，涉及多个学科的理论和方法，包括人工智能、统计学、优化理论、心理学和神经科学等。

强化学习也被认为是机器学习方法的一种，主要用于解决序贯决策（sequential decision making）问题。在序贯决策中，每个决策都需要考虑当前状态，并且每个决策的结果会影响到后续的状态和决策。这种决策方式常见于实际生活中的许多场景，如金融投资、医疗诊断、资源调度、机器人控制、游戏策略等。在这些场景中，决策者需要根据当前的情况和可用的信息，制定最优的决策策略，以获得最大的效益或降低风险。

强化学习通过智能体（agent）与环境（environment）的交互来学习最优的决策策略，这种与环境交互中的学习是通过动作

（action）试错的方式进行的，智能体根据行动状态（state）的结果调整策略，以获得更好的奖励（reward）。

智能体是强化学习中的重要概念，它代表了一个决策实体，可以感知环境的状态并根据当前状态做出相应的决策。智能体的目标是最大化累积奖励（cumulative reward）的期望，因此它需要通过不断试错和学习来改善自己的决策策略。强化学习中的智能体更加强调其对环境的感知和控制能力。智能体可以通过与环境的交互来改变环境状态并获得相应的奖励，在这个过程中逐渐学习到最优的决策策略。

在每一轮交互中，智能体首先感知环境的状态，然后根据当前状态和自身的策略，做出相应的动作决策，并将其作用于环境中。环境则根据智能体的动作和当前状态，产生相应的即时奖励信号，并进行状态转移。智能体在下一轮交互中会感知到新的环境状态，并根据之前的经验和策略，做出新的动作决策。

这种交互方式使得智能体能够不断地与环境进行交互和学习，逐渐提高自己的决策能力，最终实现最优的决策策略。人的行为与强化学习相似的案例很多，通过不断尝试和反馈，人们可以逐渐掌握新的技能和知识。

- 学生学习知识：一个学生在学习知识时，会尝试不同的学习方法和策略，如果效果好就继续使用，如果效果不好就尝试其他方法。这类似于强化学习中的试错学习，通过不断尝试和反馈，学生可以逐渐掌握知识，养成最适合自己的学习习惯。

- 运动员训练技能：一个运动员在训练技能时，会尝试不同的动作和训练方法，如果效果好就继续使用，如果效果不好就尝试其他方法。这也类似于强化学习中的试错学习，通过不断尝试和反馈，运动员可以逐渐提高自己的技能水平。

- 厨师烹饪美食：一个厨师在烹饪美食时，也会尝试不同的食材和烹饪方法，如果味道好就继续使用，如果味道不好就尝试其他方法。这同样类似于强化学习中的试错学习，通过不断尝试和反馈，厨师可以逐渐掌握烹饪技巧。

人工智能中的强化学习方法可以解决如下诸多场景。

- 棋类竞技：强化学习可以逐渐优化下棋的决策策略。例如通过多次尝试，人工智能可以学会在棋盘上的不同位置采取何种步骤，以获得更好的结果。通过与环境的互动，机器人可以根据获得的奖励或惩罚来调整其行为，最终形成更为智能和有效的棋局策略。

- 游戏 AI：强化学习可以用于游戏 AI 中，让游戏 AI 通过与玩家的对战或自我博弈，学习并提高自己的技能水平。例如，AlphaGo 就是通过强化学习来学习下围棋的技巧，并最终战胜了人类顶尖围棋选手。

- 机器人控制：强化学习可以用于机器人控制中，让机器人通过与环境交互，学习并执行任务。例如，机器人可以通过强化学习来学习如何在不同的地形上行走、如何抓取物体等技能。

- 自动驾驶：强化学习可以用于自动驾驶中，让车辆通过与环境交互，学习并优化行驶策略。例如，车辆可以通过强化学习来学习如何更好地避免碰撞、如何更快地到达目的地等。

- 金融交易：强化学习可以用于金融交易中，让交易系统通过与市场交互，学习并优化交易策略。例如，交易系统可以通过强化学习来学习如何更好地预测市场趋势、如何更好地控制风险等。

- 智能客服：强化学习可以用于智能客服中，让系统通过与用户的交互，学习并提供更好的服务。例如，客服系统可以通过强化学习来学习如何更好地理解用户的问题、如何更好地回答用户的问题等。

## 1.1.2　强化学习的关键要素

从上文中可以得知，强化学习的几个关键要素：智能体、环境、感知、状态、决策、动作和奖励，强化学习中智能体与环境交互如图 1-1 所示。

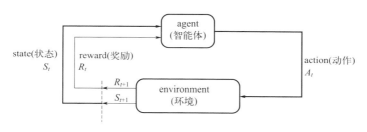

图1-1　强化学习中智能体与环境交互

- 智能体指的是执行强化学习任务的人工智能系统。智能体与环境进行交互，通过观察环境的状态和奖励信号，学习如何做出最佳的决策，以最大化长期累积奖励。

- 环境指的是智能体与外部世界进行交互的对象。环境可以是现实世界中的一个真实场景，也可以是一个模拟环境，如一个虚拟游戏或者一个仿真器。环境是动态的，其状态可以在时间上不断变化，也可以受到智能体的动作影响而改变。

- 感知是指智能体通过借助某些方式来感知环境的状态，例如视觉传感器、声音传感器或触觉传感器等。通过感知环境的状态，智能体可以了解环境的变化和自身在环境中的位置。

- 状态是描述系统或环境的特定瞬时情况或配置的概念。状态包含了智能体在某个时间点观察到的关键信息，这些信息反映了环境的当前情形。状态可以是离散的，也可以是连续的，具体取决于问题的性质。

- 决策是指智能体根据当前的环境状态和自身的经验，做出相应的决策，以实现其目标。比如围棋中 AlphaGo 根据对手的行为来决策自身的落子位置，自动驾驶汽车根据当前的状况对方向盘的角度、刹车或油门的力度进行决策。

● 动作指的是智能体为了达到某个目标而执行的操作。动作通常是一个离散的动作集合或者一个连续的动作空间。在每个时间步，智能体需要选择一个动作来执行，目的是最大化长期累积的奖励信号。智能体所选择的动作与环境交互产生影响，导致状态的改变。

● 奖励是指环境为智能体的行动提供的直接或间接的奖励信号。这个信号取决于智能体的行动产生的结果，例如 AlphaGo 在围棋中是否获胜，自动驾驶汽车是否安全地行驶。智能体的目标是最大化未来的累积奖励，因此它需要学习如何通过选择不同的行动来最大化奖励。

在强化学习中，智能体需要不断地与环境进行交互，并且根据环境不断变化状态，做出相应的决策。环境往往是动态的，即随着某些因素的变化而改变。这种环境变化的现象在现实的世界随处可见，从车水马龙的城市交通，到瞬息万变的股票市场，再到激情澎湃的体育赛事。因此，强化学习中的智能体需要具备适应环境变化的能力，才能在不断变化的环境中完成序贯决策任务。

在强化学习中，环境与随机过程之间存在密切的关系。环境通常被视为一个动态系统（dynamic system），其演变受到不确定性的影响，而这种不确定性可以通过随机过程（random process）来建模。随机过程是一种具有随机性质的数学模型，描述了系统在时间上的随机演变。随机过程是一个数学概念，用来刻画状态的演变以及状态之间的关系。通过对状态转移的条件概率分布进行建模，可以更好地理解环境的动态演化过程，并且为智能体在不同状态下做出相应的决策提供了重要的信息。

在强化学习中，智能体的动作可以影响环境的演化，从而改变下一刻的状态。环境的下一时刻状态的概率分布是根据当前环境状态和智能体的动作共同决定的。当环境发生改变后，智能体又需要在新的环境下进行决策和行动。因此，这个过程是一个动态、交互且随机的过程。

强化学习最显著的特征是试错和延迟收益。在强化学习中，智能体通过与环境不断地交互来学习最优策略，而这个过程中智能体需要不断地试错和调整自己的行为来获取最大的累积奖励。因此，试错是强化学习的核心特征之一。

另一个核心特征是延迟收益。在强化学习中，智能体的目标是最大化长期累积奖励，而在这个过程中，立即获得的奖励信号不一定能够反映出智能体的最终收益。比如，在一盘象棋中往往是最终谁能"吃"了对方的"将/帅"定输赢，就算之前损失了再多的棋子也无关紧要。因此，在强化学习中，智能体需要考虑到未来的奖励，以便做出最优决策。这种考虑未来的奖励信号就是延迟收益。

## 1.1.3　监督、无监督与强化学习

监督学习（supervised learning）是一种机器学习范式，其中算法通过学习输入和相应的输出之间的映射关系来进行训练。在监督学习中，训练数据集包含了带有标签的样本，即每个样本都有一个输入和一个对应的已知输出。算法的任务是从这些已标记的示例中学习，以便在面对新的未标记的数据时能够进行准确预测，监督学习的应用包括回归、分类等。

而在无监督学习（unsupervised learning）中，算法面对的是没有标签的数据集，目标是从数据中发现隐藏的结构或模式。这类算法不依赖先验的输出信息，而是通过聚类、降维或关联规则等技术

来理解数据的内在结构。无监督学习的应用包括聚类、降维等。

强化学习和监督学习在形式和目标上确实存在很多区别。

• 强化学习是一种序贯决策过程，涉及多轮交互。智能体需要根据环境的反馈不断调整策略和行动，以最大化累积奖励。而监督学习则是一种单轮的独立任务，数据集中的每个样本都有一个预定义的标签或目标，模型的目标就是尽可能准确地预测这个标签或目标。

• 强化学习和监督学习的目标也存在一定的差异。强化学习的目标是最大化累积奖励，即从长期来看获得最大的回报。而监督学习的目标是最小化预测输出和真实标签之间的差异，即尽可能准确地预测标签或目标。

• 强化学习和监督学习在数据集和模型训练上也存在一些差异。在强化学习中，数据集通常是由智能体与环境交互生成的序列数据，样本中包含一个状态、行动、奖励和下一轮状态。模型的训练是基于这些数据集，以优化智能体的策略和价值函数。而在监督学习中，数据集通常是由人工标注的，每个样本包含一个输入和一个标签。模型的训练是基于这些数据集，以优化模型的预测精度。

• 在监督学习中，通常假设训练数据和测试数据是从一个固定的数据分布中抽取的，并且每一个样本之间均是独立的，即独立同分布。这意味着可以使用训练数据来训练模型，并对测试数据进行评估，因为两者都来自相同的数据分布。在这种情况下，可以使用一些常见的机器学习算法，例如决策树、支持向量机、神经网络等来学习从输入到输出的映射关系。然而，在强化学习中，环境的状态和奖励信号通常是在智能体与环境交互过程中生成的，因此它们不是来自固定的数据分布。这使得强化学习中的学习问题更加复杂，因为智能体需要在不断地交互中学习最佳策略，以最大化长期累积奖励。

强化学习和无监督学习在形式和目标上也存在一些区别。

• 强化学习是一种针对动态环境下的决策问题的学习方法，需要智能体通过与环境交互来学习最优策略，而无监督学习则是一种针对无标签数据的学习方法。

• 强化学习中的奖励信号是有明确的目标的，智能体需要通过不断试错来最大化长期累积奖励，而无监督学习中没有明确的目标，模型需要通过发现数据中的结构和模式来进行学习。

# 1.2 三条主线

## 1.2.1 试错

强化学习的第一条主线源于动物学习心理学，试图从动物学习行为的角度解释强化学习的本质。动物学习心理学认为，动物通过不断尝试，从环境中学习技能，这就类似于强化学习中的试错法。这条主线研究如何通过试错学习来优化决策和控制。

在动物学习心理学中，试错法是一种常见的学习方式。例如，老鼠在迷宫中寻找食物时，会不断地尝试不同的路径，直到找到食物为止。在这个过程中，老鼠会根据自己的经验和反馈信息，不断地调整自己的行为，以获得更好的结果。

在强化学习中，试错法被广泛应用于智能体的学习过程。智能体会在环境中进行试验，根据反馈信息不断地调整自己的行为，以最大化累积奖励。试错法可以看作一种基于探索的学习方式，它可以帮助智能体更好地探索环境，发现更多的信息，从而学习到更多的知识。

强化学习中源于动物学习心理学的试错法，也称为"试验 - 错误学习"，是一种基于自我探索和反馈的学习方法。它的核心思想是在不断地进行试验和错误的基础上，逐步调整行为，以获得更好的结果。

试错学习可以追溯到 1894 年英国动物行为学家和心理学家康威·劳埃德·摩根（Conway Lloyd Morgan）的研究，此后，爱德华·桑代克（Edward Thorndike）也开展了相关研究，并因学习理论的研究，在心理学领域崭露头角，最终促进了行为主义中的操作性条件作用的发展。经典条件作用是建立在事件之间的联结上，而操作性条件作用则涉及从行为的后果中学习。

爱德华·桑代克研究动物（通常是猫）的学习，他设计了一个经典实验，使用一个难题箱（puzzle box）来实证测试学习规律。他将一只猫放进难题箱中，难题箱外放置了鱼肉，以鼓励猫逃脱，并记录猫逃脱所需的时间。猫会尝试不同的逃脱方式，以获得鱼肉。最终，猫会偶然发现开启笼子的杠杆。当它逃脱后，又被放回去，再次记录逃脱所需的时间。在连续的试验中，猫学会按下杠杆能带来积极的结果，它们会采用这种行为，并且越来越快地按下杠杆。

爱德华·桑代克提出了"效应法则（law of effect）"，它说明了任何与获得满意感结果所伴随的行为都有可能被重复，而任何导致不满意（不适感）的行为都有可能停止和弱化。爱德华·桑代克（1905 年）引入了强化的概念，并首次将心理学原理应用于学习领域。

伊万·彼得罗维奇·巴甫洛夫（Ivan Petrovich Pavlov）是一位俄罗斯的生理学家和心理学家，是条件反射理论的创始人之一。他的研究成果表明，一个刺激可以与另一个刺激建立短暂的关系，这被称为条件反射（conditioned reflex）。

在巴甫洛夫的实验中，动物被暴露在一组特定的刺激下，如一种声音或气味，这些刺激与一个有意义的刺激（如食物）相关。随着时间的推移，动物开始将这些刺激与食物联系起来，并在听到声音或嗅到气味时，开始表现出一种特定的行为模式（如流口水）。

这种行为模式被称为条件反射，因为它是在某些条件下形成的反射性行为。巴甫洛夫的研究还强调了强化学习的概念，即动物会通过与有意义的刺激相关的行为获得奖励或惩罚，从而改变行为模式。这为后来的行为主义者和认知心理学家提供了重要的理论基础。巴甫洛夫对动物行为心理学的研究使他于 1904 年获得了诺贝尔生理学或医学奖。

## 1.2.2  动态规划

强化学习的第二条主线关注最优控制问题，即如何通过最优化控制策略来实现某种目标。强化学习中的价值函数和动态规划方法就是为了解决这个问题而提出的，它们可以帮助计算出最优的控制策略，并在复杂的环境中自主决策。

最优控制理论的发展可以追溯到 20 世纪 50 年代末期，其主要目标是设计最优化控制器，使得动态系统在随时间变化的过程中，能够达到某种预先设定的性能指标。

最优化控制器需要通过观测系统状态和执行动作，不断地调整控制策略，以达到系统的最优性能。最优控制理论的研究重点是如何设计最优化控制器，以及如何实现最优控制策略。

20 世纪 50 年代中期，理查德·贝尔曼（Richard Bellman）等学者提出了利用动态系统状态和价值函数解决最优控制的一种方法，该方法涉及贝尔曼方程（Bellman equation），通过该方程解决最优控制问题的一类方法被称为动态规划。

动态规划被普遍认为是解决一般随机最优控制问题的可行方

法，它可以通过递归地计算状态的价值函数来求解最优策略。具体来说，动态规划方法将问题分解成多个子问题，每个子问题都可以通过递归地计算子问题的最优解来得到。在计算过程中，需要使用贝尔曼方程来更新状态的价值函数，以获得更准确的最优解。

动态规划方法的优点是可以准确地求解最优解，但是由于需要计算所有状态的价值函数，所以对于大规模问题来说，计算量会很大。此外，动态规划方法还需要知道系统的完整模型，包括状态转移概率、奖励函数等信息。因此，动态规划方法在实际应用中的局限性比较大。

## 1.2.3 时序差分

强化学习的第三条主线关注时序差分（temporal difference），即如何通过学习历史经验来优化决策。时序差分方法可以对当前状态的价值进行估计，同时也可以利用之前的经验来更新价值函数，这样可以更好地适应环境的变化和不确定性。

亚瑟·塞缪尔（Arthur Samuel）是一位美国计算机科学家，他是人工智能领域的先驱之一。1959年，他在跳棋程序中首次提出了一种基于时序差分思想的学习算法，这被认为是强化学习领域的开创性工作之一。在这个算法中，计算机会自动地通过与对手下棋的游戏来学习如何下棋。它会在每一步棋之后评估其所采取的行动，并根据结果来调整其行动策略。

时序差分思想是该算法的关键部分，它允许计算机在不需要完全了解游戏规则的情况下学习如何下棋。这种思想后来成为强化学习算法的核心概念，并在许多现代的强化学习算法中得到了广泛应用。

1988年，理查德·萨顿（Richard Sutton）提出了一种新的思路，将时序差分学习从控制中分离出来，将其视为一种一般的预测方法，这种方法被称为时序差分，它通过不断地更新预测估计来学习环境中的模式和规律 ❶。

时序差分学习是一种无模型的学习方法，它可以在没有完全了解环境的情况下进行学习，并且可以在不同的任务中应用。时序差分学习是强化学习领域中最重要的核心概念和重要成果，它的主要思想是使用当前的预测值来更新之前的预测值，从而不断地逼近真实的预测值。这种方法更加灵活和高效，因为它不需要完全了解环境的动态规律，而是可以通过不断地试错来学习。

强化学习和神经科学之间最显著的联系就是多巴胺。多巴胺是一种神经递质，它在大脑中起着重要的作用，参与了学习、记忆、奖励等过程。

多巴胺也被称为神经调节剂。研究表明，当获得奖励时，多巴胺神经元的活动会增加，这种增加会刺激智能体继续进行类似的行为，从而增强其行为策略。相反，在遇到惩罚时，多巴胺神经元的活动会减少，这会刺激智能体避免产生相似的行为，从而降低惩罚的发生率。

时序差分学习算法的行为和大脑中产生多巴胺的神经元的活动之间存在神奇的相似。时序差分学习算法中更新规则与多巴胺神经元的活动之间的相似性表明，时序差分学习算法可能是大脑中学习和决策的基础。这种相似性还启发了许多研究人员开展基于神经科学的强化学习研究，以深入了解大脑中学习和决策的机制。

---

❶ Sutton R S. Learning to Predict by the Methods of Temporal Differences. Machine Learning, 1988, 3: 9-44.

# 1.3 强化学习的方法与应用

## 1.3.1 强强联合之深度强化学习

随着深度学习技术的不断发展，其在从原始感知数据中提取高级特征方面取得突破性进步，包括使用多层感知机、卷积网络和递归神经网络等神经网络结构。然而，与大多数成功的深度学习应用需要大量手工标记的训练数据不同，强化学习算法必须能够从稀疏、嘈杂和延迟的标量奖励信号中学习。此外，动作和结果奖励之间的延迟可以长达数千个时间步长。在强化学习中，人们通常遇到高度相关状态的序列，而大多数深度学习算法假定数据样本是独立的。

深度强化学习（deep reinforcement learning）是结合了强化学习和深度学习的一种学习方式。传统的强化学习方法通常使用表格 Q-Learning 等算法，但这些方法难以处理具有高维、非线性输入的问题，例如图像和语音等感知输入。深度学习的出现为解决这些问题提供可能。深度学习是一种机器学习方法，它使用神经网络来学习从原始输入到输出之间的映射关系。深度学习已经在计算机视觉、自然语言处理、语音识别等领域取得了重大突破。

深度强化学习结合了深度学习和强化学习的优势。它使用深度神经网络来处理高维、非线性的感知输入，并学习从状态到动作之间的映射关系。具体地说，智能体的策略被表示为一个神经网络，它将状态作为输入与输出动作。并从环境中获取奖励信号，以学习如何做出最优的决策。

强化学习解释了智能体如何通过优化对环境的控制来适应环境变化。然而，在面对接近真实世界复杂度的情境时，智能体面临一个困难的任务，就是必须从高维的感知输入中推导出环境的有效表示，并将这些表示用于在新情境下泛化过去的经验。

一些学者提出了深度 Q 网络（deep Q-network，简称 DQN），它使用端到端强化学习，直接从高维感知输入中学习成功的策略。DQN 在高维感知输入与行动之间架起了一座桥梁，使得多样化任务智能体成为可能，并在诸如一些游戏的场景中胜过人类专家，如图 1-2❶ 所示。

图 1-2　部分雅达利 2600 游戏截图

图 1-3❷ 是深度卷积神经网络近似价值函数的示意图。神经网络的输入由一个 $84 \times 84 \times 4$ 的图像组成，接着是卷积层以及全连接层，每个有效动作都有一个单独的输出。

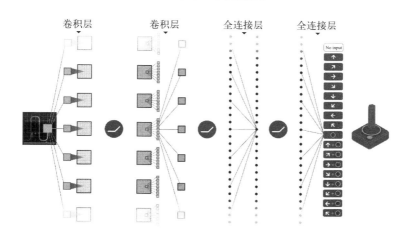

图 1-3　神经网络逼近价值函数示意图

❶ Mnih V, Kavukcuoglu K, Silver D, et al. Playing Atari with Deep Reinforcement Learning. arXiv preprint arXiv, 2013, 1312: 5602.

❷ Mnih V, Kavukcuoglu K, Silver D, et al. Human-level Control Through Deep Reinforcement Learning. Nature, 2013, 518(7540): 529-533.

许多实际应用需要人工智能智能体在复杂环境中与其他智能体竞争和协调，像星际争霸这样的游戏无疑成为人工智能研究的重要挑战之一。因为星际争霸是一个具有复杂实时策略的多智能体游戏，需要智能体在不确定性的动态环境中进行决策和协作，与其他游戏不同，星际争霸中的智能体需要考虑多个不同的任务和目标，并且需要在短时间内做出准确的决策，这使得它成了测试人工智能智能体程序的理想平台，如图 1-4❶ 所示。此外，星际争霸还涉及大量的战略、战术管理及实时决策，这对智能体程序设计和优化提出了很大的挑战，研究此类问题有助于推动人工智能技术的发展。

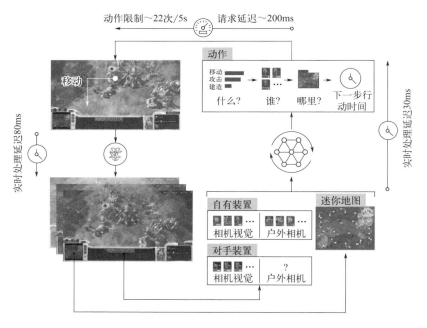

图 1-4　智能体 AlphaStar 通过概览地图和单位列表观察游戏

❶ Vinyals O, Babuschkin I, Czarnecki W M, et al. Grandmaster Level in StarCraft Ⅱ Using Multi-Agent Reinforcement Learning. Nature, 2019, 575(7782): 350-354.

一些学者利用多智能体强化学习算法对智能体进行训练，每个策略都由深度神经网络表示，最终智能体超过了 99.8% 的官方排名的人类玩家，并在《自然》（*Nature*）中刊发了《使用多智能体强化学习在星际争霸Ⅱ中达到大师级别》的相关文章。

深度强化学习已经被用于各个应用领域，包括但不限于机器人、视频游戏、自然语言处理、计算机视觉、教育、交通、金融和医疗保健等。在游戏竞技领域，AlphaGo 和 AlphaZero 等算法使用深度强化学习的方法，在围棋等游戏中击败了人类顶尖选手。在机器人控制和自动驾驶领域，深度强化学习已经被用于学习复杂的运动控制和行为决策。此外，深度强化学习还被应用于自然语言处理、推荐系统等领域。

## 1.3.2　强化学习的跨界赋能

从人类反馈中进行强化学习（reinforcement learning from human feedback，简称 RLHF）是一种引人注目的技术，它直接利用人类反馈来训练奖励模型，通过该模型作为奖励函数来优化智能体的策略。这种方法在处理奖励函数稀疏或嘈杂的情况下表现出色，为智能体提供了更加鲁棒的性能和更强的探索能力，如图1-5 所示。

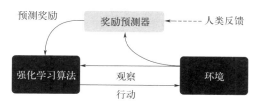

图1-5　基于人类反馈的强化学习

收集人类反馈的方式可以通过询问人类对智能体行为的排名，这些排名可用于评分输出。这种方法已成功应用于自然语言处理领域，包括会话智能体、文本摘要和自然语言理解。在这些任务中，传统的强化学习方法往往难以定义或测量奖励，特别是当任务涉及复杂的人类价值观或偏好时。

从人类反馈中进行强化学习，可以通过将人类纳入训练过程来增强强化学习智能体的训练。人类监督员可以通过偶尔提供额外的奖惩信号或提供训练奖励模型所需的数据来提供帮助。

RLHF 的应用不仅使得语言模型能够提供与较为复杂回答一致的答案，还能够生成更详细的响应，并拒绝不适当或超出模型知识范围的问题。OpenAI 的 ChatGPT 和其前身 InstructGPT 等，都是通过 RLHF 进行训练的语言模型的典型例子，如图 1-6 所示。

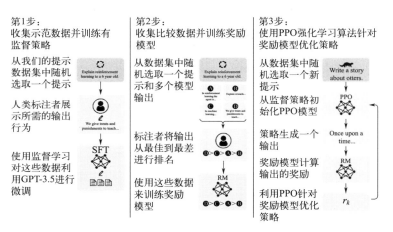

图 1-6　ChatGPT 训练过程（图片来源：OpenAI）

语言模型的 RLHF 是一个复杂而高效的过程，主要分为三个关键阶段，每个阶段都有其独特的任务和功能。

• 预训练：依赖于大型的预训练语言模型，因为从零开始进行人工反馈训练不切实际。

• 奖励模型创建和训练：创建奖励模型，通过接收主语言模型生成的文本，人类评估者排名，训练奖励模型预测文本质量得分。

- 强化学习循环：主语言模型的副本成为强化学习智能体，通过不断迭代的强化学习循环，逐渐调整生成文本以符合人类偏好。

这三个阶段的有机组合使得语言模型能够从人类反馈中学习，提高生成文本的质量和与人类偏好的一致性。

除了自然语言处理领域，RLHF 还在其他领域得到广泛应用，如视频游戏机器人的开发。通过基于人类偏好训练智能体来玩 Atari 游戏等任务，这些智能体在测试环境中展现出超越人类表现的强大性能。

2022 年诺贝尔物理学奖进一步确认了量子力学是一个完整的理论，同时也标志着对爱因斯坦 - 波多尔斯基 - 罗森悖论（EPR）的超越。这一里程碑的成就由一些学者的研究所引领，他们成功将量子力学与强化学习知识相融合。这个融合产生了令人振奋的结果，为化学领域带来了一场革命性的变革 ❶。

在这项研究中，科学家们根据量子物理学的属性设计了一种独特的奖励函数。这个奖励函数的引入使得他们能够在强化学习框架下设计新的化合物。这一过程不仅为分子设计领域带来新的理论路径，还推出了一项创新的分子设计环境——MolGym，为未来的理论研究和实际应用创造了崭新的可能性。

这个研究成果实际上是对传统领域的一次颠覆性突破。通过将量子力学与强化学习相结合，研究者们不仅赋予了化学领域新的视角，还提供了创新的方法。通过基于量子物理学属性的奖励函数，他们成功应用强化学习的框架来设计分子结构，这为未来的实验和应用研究铺平了道路。

---

❶ Simm G, Pinsler R, Hernández L, et al. Reinforcement Learning for Molecular Design Guided by Quantum Mechanics. In International Conference on Machine Learning, 2020: 8959-8969.

这项融合了量子力学和强化学习的研究成果对材料科学和药物设计等领域具有划时代的意义。通过深入理解量子力学的性质，研究者们能够更加智能地设计具有特定属性的分子结构，从而在新材料的发现和药物的研发中提供更高效的方法。这一理论突破不仅是对科学界的贡献，更将推动相关领域的创新发展，为解决当今社会面临的复杂问题提供新的思路和可能性。

强化学习在数学领域的应用，尤其是在矩阵乘法的优化方面，也展现了惊人潜力。这一新兴技术的代表——DeepMind 的 AlphaTensor，通过强化学习的方法，成功地改进了矩阵乘法的计算速度，挑战并超越了人类在这一领域 50 年前所设下的极限。

矩阵乘法在计算机科学中扮演着至关重要的角色，是各种 AI 计算方法的基础，如图像处理、语音识别、数据压缩等。然而，自德国数学家沃尔克·施特拉森（Volker Strassen）在 1969 年提出"施特拉森算法"以来，矩阵乘法的计算速度一直进展缓慢。

AlphaTensor 的出现彻底颠覆了这一状况。它不仅改进了最优的 4×4 矩阵解法，而且在其他大小的矩阵计算速度上取得了更大的提升，打破了过去的局限。这项研究成果在科学界引起轰动，登上了 *Nature* 的封面（图 1-7❶），突显了其重要性和突破性。

AlphaTensor 的灵感来源于 DeepMind 最强通用棋类 AI "AlphaZero"。研究人员将矩阵乘法问题看作一种特殊的 3D 棋类游戏，即 TensorGame。与传统棋类不同，AlphaZero 的目标不是在棋盘上赢得比赛，而是找到矩阵乘法的最佳算法，通过最少的步骤计算出最终结果。

通过将强化学习引入这一领域，AlphaTensor 以不断试错和学

---

❶ Fawzi A, Balog M, Huang A, et al. Discovering Faster Matrix Multiplication Algorithms with Reinforcement Learning. Nature, 2022, 610(7930): 47-53.

图 1-7　强化学习赋能数学

习的方式，优化了矩阵乘法的解法。这种方法不仅仅是计算机根据预定规则执行任务，而是让计算机自主学习并优化其行为，使其在解决复杂问题时能够更加高效和灵活。

总体而言，AlphaTensor 的成功表明，强化学习对于数学领域的赋能不仅体现在提高计算效率上，更在于推动数学问题解决的创新方法和思维方式。这一领域的发展有望引领数学和人工智能的交叉研究，为未来的科学和技术发展带来新的契机。

### 1.3.3　强化学习的分类

强化学习（reinforcement learning, RL）的算法是一个不断发展的领域，可以从多个角度进行分类。这些分类方法有助于理解不同算法之间的区别和适用场景。以下是强化学习的几种主要分类方式。

（1）基于模型与无模型方法

· 基于模型（model-based）：这类方法使用一个模型来模拟环境的动态特性。智能体利用这个模型来计划和决策。例如，基于模型的动态规划算法。

· 无模型（model-free）：这类方法不依赖于环境模型，而是直接通过与环境的交互来学习策略或价值函数。例如，Q学习和策略梯度算法。

（2）基于价值与基于策略方法

· 基于价值（value-based）：算法主要关注学习一个价值函数，如状态价值函数或动作价值函数。智能体根据价值函数来选择动作。例如，DQN算法。

· 基于策略（policy-based）：算法直接学习一个策略，即从状态到动作的映射。这类方法特别适合于连续动作空间。例如，REINFORCE算法。

Actor-Critic：结合了基于价值和基于策略的方法。例如，A3C和DDPG算法。

（3）蒙特卡洛方法与时序差分方法

· 基于回合更新的方法：这类方法依赖于完整的回合来更新策略或价值函数，比如蒙特卡洛（Monte Carlo, MC）方法。

· 时序差分（temporal difference, TD）方法：这类方法结合了动态规划和蒙特卡洛方法的优点，可以在不需要完整回合的情况下进行学习。例如，Sarsa和Q学习。

（4）在线策略与离线策略方法

· 在线策略（on-policy）：这类方法在学习过程中使用和评估相同的策略。例如，Sarsa算法。

· 离线策略（off-policy）：这类方法可以使用和评估不同的策略。例如，DQN算法。

不同的强化学习算法有各自的特点和适用场景，理解这些分类有助于选择适合特定问题的算法。图 1-8❶ 所示的是深度强化学习领域的算法分类，新的算法和理念不断涌现，使得强化学习这个领域既充满挑战又富有活力，本书中将会陆续介绍图 1-8 中部分算法的原理及应用。

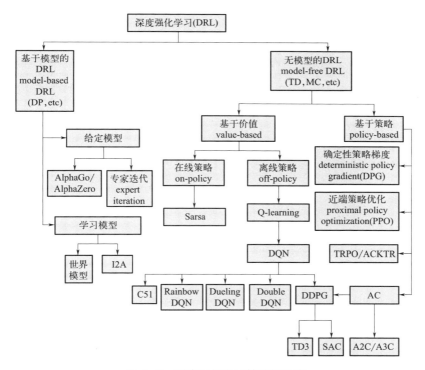

图 1-8　深度强化学习算法的分类

❶ Azar A T, Koubaa A, Ali M N, et al. Drone Deep Reinforcement Learning: A Review. Electronics, 2021, 10(9): 999.

# 第 2 章

# 马尔可夫与贝尔曼方程

# 2.1 "随机"那些事儿

强化学习是一种使智能体能够通过与环境的交互来学习如何实现特定目标的机器学习方法。为了有效地学习和理解强化学习，了解随机性、概率以及条件概率等概念是非常重要的。以下是一些详细的论述。

强化学习中的环境通常包含随机性。这意味着当智能体采取行动时，它可能面临多种可能的结果，而这些结果的发生具有一定的概率。例如，在一个走迷宫任务中，智能体选择向前移动，但可能因为打滑而偏离预期路径。理解环境的随机性对于设计能够有效处理不确定情况的智能体至关重要。

在强化学习中，智能体的决策通常依赖于概率模型。例如，状态转移概率描述了智能体从一个状态转移到另一个状态的可能性，而奖励函数则定义了执行特定行动的预期回报。这些模型通常是基于概率的，要求智能体能够根据概率分布做出决策。

条件概率在强化学习中扮演着重要角色，特别是在处理部分可观测的环境时。智能体需要能够根据当前可用的信息（即已知条件）来预测下一个状态或接下来的奖励。例如，智能体可能需要评估在当前状态下采取特定行动获得正奖励的概率。

总的来说，随机性、概率等概念是强化学习的基本构成要素。理解这些概念对于设计和实现有效的强化学习算法是至关重要的。

## 2.1.1 概率的基本概念

确定现象是指在一定条件下，其结果是可以通过确定性规律准确预测的现象。例如，从楼上掉落的物体受到地球引力，其下落轨迹可以用牛顿的运动定律精确描述。在确定现象中，事件的结果是唯一且可预测的。

相对于确定现象，随机现象是指在一定条件下，可能产生不同结果的现象。这些结果的出现是有一定概率的，不能通过确定性的规律来准确预测。抛硬币、掷骰子等都是随机现象。随机事件是对随机现象中可能发生的结果的抽象。

随机试验（random experiment）是一种科学方法，通过在相同条件下对某一随机现象进行大量的重复观测，以获取关于该现象的统计性信息。随机试验是指满足下列条件的试验：

• 随机试验的所有结果在试验前可以知晓，而且不止一个，随机试验的结果可能包括离散的结果（如掷骰子的点数）或连续的结果（如测量的长度）。

• 随机试验出现的结果在进行试验之前无法确定，即使在相同的条件下，每次试验都可能得到不同的结果。

• 随机试验可以重复进行，每次试验的结果都是独立的，前一次试验的结果不影响后一次试验的结果。

一个随机试验的每个可能结果，称为基本事件（elementary event）。在概率论中，当一个随机试验的样本空间中的每个基本结果发生的概率相同时，这些事件被称为等可能事件（equally likely events）。具体而言，如果每个基本结果发生的可能性相同，那么这些事件就被认为是等可能事件。

在等可能事件中，每个事件发生的概率相等。如果有 $n$ 个等可能事件，每个事件的概率为 $\frac{1}{n}$。在抛硬币的例子中，正面和反面是等可能事件，因为硬币是均匀的，每一面出现的概率都是 $\frac{1}{2}$。当一枚六面骰子被掷出时，从 1 至 6 每个数字出现的概率都是 $\frac{1}{6}$，因此它们也是等可能事件。

在学习走迷宫的任务中，如果算法在每个交叉口都以相同的概率选择向左、向右或直行，那么这些选择就是等可能的。这种方法有助于算法全面了解环境，从而在之后的策略优化阶段做出更好的决策。这种情况通常出现在探索阶段，在此阶段，算法尝试了解环境并收集尽可能多的信息。在这个阶段，算法可能会随机选择其行动，以确保没有任何特定行动或路径被偏好或忽略。

然而，长期依赖等可能事件的策略可能不是最有效的，因为它没有利用先前的学习经验。因此，随着学习过程的发展，强化学习算法通常会逐渐减少随机探索，更多地利用已经学习到的信息来指导其决策。这种从等可能探索决策转向基于价值或策略的决策是强化学习的一个重要特征。

概率论是数学的一个分支，它研究随机事件的发生概率以及随机变量的行为。这个领域涉及对不确定性的量化和分析，对各种领域如工程、经济、人工智能、统计、游戏、社会科学等都非常重要。

概率的基本性质包括：

• 非负性：一个事件的概率是非负的，即 $P(A) \geqslant 0$，其中 $P(A)$ 表示事件 $A$ 的概率。掷骰子得到任何特定数字的概率是非负的。例如，掷出 4 的概率是 $\dfrac{1}{6}$，因为骰子有 6 个面，每个面出现的机会是相等的。

• 规范性：对于必然事件 $S$，有 $P(S) = 1$。

• 可列可加性：假如 $A_1, A_2, \cdots$ 是两两互斥事件，即对于 $A_i A_j = \varnothing$，$i \neq j, i, j = 1, 2, \cdots$ 有

$$P(A_1 \cup A_2 \cup \cdots) = P(A_1) + P(A_2) + \cdots$$

通过以上的概率基本性质，很容易得到以下的性质：

• 空集的概率为 0，即 $P(\varnothing) = 0$。

• 有限可加性：$n$ 个两两互斥的事件 $A_1, A_2, \cdots, A_n$，有 $P(A_1 \cup A_2 \cup$

$\cup A_n) = P(A_1)+P(A_2)+\cdots+P(A_n)$。比如在掷骰子时，$P(1)+P(2)+$

$P(3)+P(4)+P(5)+P(6) = \dfrac{1}{6}+\dfrac{1}{6}+\dfrac{1}{6}+\dfrac{1}{6}+\dfrac{1}{6}+\dfrac{1}{6}=1$。

• 如果 $A_1$ 和 $A_2$ 是两个事件，且 $A_1 \subset A_2$，则

$$P(A_2-A_1) = P(A_2)-P(A_1)$$
$$P(A_2) \geqslant P(A_1)$$

要用掷骰子的例子来说明给定的性质，可以考虑两个特定的事件，其中一个是另一个的子集。设想以下两个事件：

① 事件 $A_1$：掷出的点数是 4。

② 事件 $A_2$：掷出的点数是偶数（即 2、4 和 6）。

在这个例子中，事件 $A_1$（掷出 4）显然是事件 $A_2$（掷出偶数）的子集，$P(A_2) = \dfrac{1}{2}$，$P(A_1) = \dfrac{1}{6}$。$P(A_2-A_1) = P(A_2)-P(A_1) = \dfrac{1}{2}-\dfrac{1}{6}=\dfrac{3}{6}-\dfrac{1}{6}=\dfrac{1}{3}$。根据概率很容易得知 $P(A_2) \geqslant P(A_1)$。

• 对于逆事件的概率有 $P(\bar{A}) = 1-P(A)$。比如在上述的题目中，$P(\bar{A_2}) = 1-P(A_2) = 1-\dfrac{1}{2}=\dfrac{1}{2}$，即掷骰子时点数为奇数的概率为 $\dfrac{1}{2}$。

• 加法法则：对于任意的事件 $A_1$ 和 $A_2$ 有

$$P(A_1 \cup A_2) = P(A_1)+P(A_2)-P(A_1 \cap A_2)$$

此时，如果事件 $A_1$ 和 $A_2$ 为互斥事件，则 $P(A_1A_2) = 0$，则 $P(A_1 \cup A_2) = P(A_1)+P(A_2)$。

条件概率（conditional probability）是概率论中的一个基本概念，它描述了在某个特定条件或前提下，一个事件发生的概率。更具体地说，条件概率是在已知另一个事件发生的情况下，一个事件发生的概率。

条件概率通常表示为 $P(A_2|A_1)$，读作"在事件 $A_1$ 发生的条件

下，事件 $A_2$ 发生的概率"。这里的"|"符号表示"给定某条件"的意思。当 $P(A_1) > 0$ 时，条件概率的公式为：

$$P(A_2 \mid A_1) = \frac{P(A_1 A_2)}{P(A_1)}$$

根据条件概率的定义，可以得到乘法定理，即假设 $P(A_1) > 0$，乘法公式定义如下：

$$P(A_1 A_2) = P(A_2 \mid A_1) P(A_1)$$

如果 $P(A_1 A_2) > 0$，则有

$$P(A_1 A_2 A_3) = P(A_3 \mid A_1 A_2) P(A_2 \mid A_1) P(A_1)$$

在掷骰子的案例中，假设事件 $A_1$ 表示得到偶数点数，事件 $A_2$ 表示得到小于等于 4 的点数，可以有以下信息：

$$P(A_1) = P(\text{得到偶数}) = \frac{3}{6} = \frac{1}{2}$$

$$P(A_2) = P(\text{得到小于等于4的点数}) = \frac{4}{6} = \frac{2}{3}$$

则 $P(\text{得到偶数} \mid \text{得到小于等于 4 的点数}) = \frac{2}{3} \times \frac{1}{2} = \frac{1}{3}$。

假设 $S$ 是随机试验的样本空间，$B_1, B_2, \cdots, B_n$ 是试验的一组事件，如果

$$B_i B_j = \varnothing, i \neq j, i, j = 1, 2, \cdots, n$$

$$B_1 \cup B_2 \cup \cdots \cup B_n = S$$

则称 $B_1, B_2, \cdots, B_n$ 为样本空间 $S$ 的一个划分，并且对于每次试验，事件 $B_1, B_2, \cdots, B_n$ 中有且仅有一个事件发生。

如果 $A$ 是随机试验的事件，对于 $P(B_i) > 0$，$i = 1, 2, \cdots, n$，则全概率公式（formula of total probability）可以定义如下：

$$P(A) = P(A \mid B_1) P(B_1) + P(A \mid B_2) P(B_2) + \cdots + P(A \mid B_n) P(B_n)$$

如果对于 $P(A) > 0$，$P(B_i) > 0$，$i = 1, 2, \cdots, n$，则贝叶斯公式（Bayes formula）可以定义如下：

$$P(B_i \mid A) = \frac{P(A|B_i) P(B_i)}{\sum_{j=1}^{n} P(A|B_j) P(B_j)}, \quad i = 1, 2, \cdots, n$$

在概率论中，先验概率（prior probability）和后验概率（posterior probability）是两个重要的概念。先验概率是在考虑某些特定证据或信息之前对事件发生概率的估计，而后验概率是在考虑了这些额外信息之后对事件发生概率的更新估计。

用掷骰子的例子来说明这两个概念，假设你有一个标准的六面骰子，每个面上分别标有数字 1 至 6。在掷骰子之前，对掷出任何特定数字（比如说 4）的概率等于 $\frac{1}{6}$ 的估计就是先验概率。

现在假设有额外的信息：骰子是不均匀的，偏向于掷出偶数。这个信息会影响对掷出特定数字（比如 4）的概率估计。

在这个例子中，先验概率是基于初始假设（骰子是公平的），而后验概率是在考虑了额外信息（骰子偏向偶数）后得到的更新概率。这个过程展示了如何使用新信息来更新对某个事件发生概率的估计，这是贝叶斯推理的核心。

独立性是概率论中的一个核心概念，它描述了两个或多个事件发生时彼此之间没有相互影响的性质。如果两个事件是独立的，那么一个事件的发生不会影响另一个事件发生的概率。两个事件 $A$ 和 $B$ 被认为是独立的，那么满足以下条件：

$$P(AB) = P(A)P(B)$$

独立性的概念在概率论和统计学中非常重要，特别是在处理多个随机变量或事件时，了解它们之间是否相互独立是理解和计算它们之间关系的关键。

## 2.1.2　网格迷宫的探索

在网格状的迷宫世界场景中，一个智能体在网格中行走，只能在相邻的网格中进行移动。一些单元格是可访问的，一些单元格是禁止进入的，如果进入则可能会遭受惩罚，一些单元格可能存在意外的收获，最后还有目标单元格。智能体的任务虽简单却充满挑战，如图 2-1 所示。

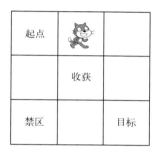

图 2-1　网络迷宫

智能体就是从起点开始出发，找到最"好"的路径到达目标。这里关于"好"的定义是什么呢？

实际上在现实中很难定义什么是"好"的收益，因为这涉及个体的价值观、目标、风险偏好以及个人的财务状况。在本书的附录 C 部分，提供了几种常见的风险决策背景下人们做出决策的依据作为参考，然而考虑到对问题进行简化，本书将最大化每一步奖励（收益）与惩罚（负的收益）之和。

网格状的迷宫世界场景之所以特别引人入胜，在于它假设智能体对其环境一无所知。在没有先验知识的情况下，智能体必须依赖试错法来寻找通往目标的有效路径，体现了强化学习学习过程的本质。

在网格状的迷宫世界中进行探索，找到一条最优的路径，就需要理解几个强化学习的基本概念。

在网格世界中，状态是智能体相对于网格的位置。每个单元格代表一个不同的状态，智能体可以占据的状态集合是有限的。比如在图 2-2 中，有 9 个单元格，那么就存在 9 个状态，这些状态可以表示为 $s_0, s_1, \cdots, s_8$，这些状态的集合称为状态空间（state space），表示为 $S = \{s_0, \cdots, s_8\}$，如图 2-2 所示。

| $s_0$ | $s_1$ | $s_2$ |
| --- | --- | --- |
| $s_3$ | $s_4$ | $s_5$ |
| $s_6$ | $s_7$ | $s_8$ |

图 2-2　状态

这里的智能体可以有 5 个可能的动作（action），向前、向右、向下、向左四个方向地移动以及保持原地不动，如图 2-3 所示，这 5 个行为表示为 $a_1, a_2, \cdots, a_5$，这些行为的集合称为动作空间（action space），表示为 $A = \{a_1, \cdots, a_5\}$。

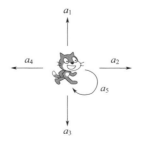

图 2-3　动作

其实，并非所有状态下的所有动作都是可行的，比如说在图 2-2 中起点位置 $s_0$ 处，考虑到网格的边缘，因此向左与向上就不可行，该状态的行为空间可以表示为 $A(s_0) = \{a_2, a_3, a_5\}$。当然，上述的讨论是基于某种先验知识，在实际中智能体最初是并不知情的，必须在动作中不断地试错，因此在该状态下智能体仍然会选择所有的 5 个行为。

智能体通过行为使其从一个状态转移到另一个状态，这种过程称为状态转移（state transition）。比如，智能体通过行为 $a_2$ 从 $s_0$ 移动到了 $s_1$，该状态转移过程可以表示如下：

$$s_0 \xrightarrow{a_2} s_1$$

强化学习中的状态转移是理解和设计算法的关键。状态转移可以是确定性的（deterministic），也可以是随机性的（stochastic）。

例如，在状态 $s_0$ 采取动作 $a_2$，智能体必然会转移到状态 $s_2$，这可以用条件概率分布来描述：

$$p(s_0 \,|\, s_0, a_2) = 0$$
$$p(s_1 \,|\, s_0, a_2) = 1$$
$$p(s_2 \,|\, s_0, a_2) = 0$$
$$p(s_3 \,|\, s_0, a_2) = 0$$
$$p(s_4 \,|\, s_0, a_2) = 0$$

这表明在状态 $s_0$ 采取动作 $a_2$ 时，智能体转移到状态 $s_2$ 的概率为 1，而转移到其他状态的概率为 0。

然而，在现实世界中，状态转移往往带有随机性。比如一个智能体行走在冰面，也许在往前走的过程中，由于打滑停留在了原地。这种随机性使得状态转移过程更加复杂。

$$p(s_0 \,|\, s_0, a_2) = 0.1$$

$$p(s_1 \mid s_0, a_2) = 0.6$$
$$p(s_2 \mid s_0, a_2) = 0$$
$$p(s_3 \mid s_0, a_2) = 0.3$$
$$p(s_4 \mid s_0, a_2) = 0$$

在强化学习研究中，掌握和应用条件概率至关重要。它不仅助力于描述和理解确定性的状态转移，还能有效处理包含随机因素的状态转移。通过计算在特定当前状态和动作下，转移到不同可能状态的概率，可以更精准地预测智能体的未来行为。

对于初学者而言，通常先从简单的确定性状态转移开始入门，以简化学习过程。然而，为了更好地适应现实世界的复杂性和不确定性，学习如何处理包含随机性的状态转移变得极为重要。这种随机性的状态转移为学习环境增加了现实性和挑战性，有助于开发出更强大、适应性更强的智能体。

总的来说，状态转移是强化学习中的核心要素。通过从简单的确定性状态转移出发，逐渐深入到更加复杂的随机性状态转移，不仅能加深对强化学习核心概念的理解，也能为应对现实世界的不确定性和复杂情况做好充分准备。

### 2.1.3　探索的策略与奖励

策略（policy）可以让智能体知道其在每一个状态下的行为。图 2-4 表示了智能体在不同状态下的策略。

前文中已经提及了条件概率，策略可以用条件概率 $\pi(a \mid s)$ 的形式表示，即每一个状态 - 动作对（state-action pair）的条件概率分布函数。

比如，$s_0$ 的策略可以表示如下：

$$\pi(a_1 \mid s_0) = 0$$

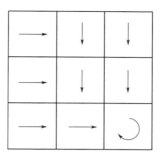

图 2-4 策略

$$\pi(a_2|s_0)=1$$
$$\pi(a_3|s_0)=0$$
$$\pi(a_4|s_0)=0$$
$$\pi(a_5|s_0)=0$$

通过上面的内容可以看到，智能体在状态 $s_0$ 下会确定性地选择行为 $a_2$，这种策略被称为确定性策略。如果智能体的行为是基于概率的，即提供了一系列可能的动作及其相应的可能性，则被称为随机性策略。

$$\pi(a_1|s_0)=0$$
$$\pi(a_2|s_0)=0.5$$
$$\pi(a_3|s_0)=0$$
$$\pi(a_4|s_0)=0.5$$
$$\pi(a_5|s_0)=0$$

上面的结果显示，智能体在状态 $s_0$ 时可以选择向右、向下和静止（可能由于脚底打滑）。条件概率表示的策略可以用表格进行直观描述。针对某个状态，其概率状态之和为 1。

奖励（reward）在强化学习中是十分重要的概念之一。智能体在采取动作后通过奖励从环境中获得反馈，它是一个标量（scalar），可以是正数（奖赏）、负数（惩罚）或零。

比如，在上述的网格世界的例子中，可以设计以下奖励方案：

- 走向收获，收益为 2，表示得到奖赏。
- 走向禁区，收益为 −5，表示得到负的奖励。
- 走向目标处，收益为 10，表示闯关成功。

奖励引导智能体并塑造其策略，从而改变行为，这属于一种反馈机制。执行动作后，智能体会从环境中获得奖励，并影响其学习和决策过程。

奖励系统的设计对于强化学习的成功至关重要。奖励必须能够准确地反映智能体所需达成的目标和期望的行为。如果奖励设置不当，智能体可能学习到不良行为或未能有效地实现目标。

奖励转移（reward transition）涉及智能体在环境中执行动作后所接收到的奖励的变化。这是强化学习中一个重要的概念，涉及智能体通过与环境的交互学习，并根据动作的结果获得奖励。

奖励转移在强化学习中是一个关键的机制，影响智能体学习与环境互动的方式。智能体通过观察奖励的转移，逐渐调整其策略，以最大化长期奖励。这个过程需要智能体具备对环境的适应性和学习能力，从而更有效地完成任务。

奖励可以是确定性的（固定的奖励），也可以是随机性的（变化的奖励）。利用条件概率 $p(r|s,a)$ 可以表示奖励转移。

$$p(r=-5|s_3,a_3)=1$$

$$p(r\neq-5|s_3,a_3)=0$$

上面的内容说明，如果图 2-2 的智能体在状态 $s_3$ 采取行为 $a_3$，它能够确定性地进到禁区得到收益 $r=-5$（惩罚）。更为普遍的情况下，收益是随机的。

上述的奖励是即时奖励（immediate reward）。在强化学习中，即时奖励和延迟奖励（delayed reward）是构成回报（return）的两个基本组成部分，它们共同决定了智能体在与环境交互过程中获得的总奖励。因此，即时奖励最大的动作未必导致总奖励最大。

在强化学习中，奖励（赏与罚）通常是与智能体的具体行为相结合的，而不仅仅取决于最终达到的状态。这是因为强化学习的目标是让智能体学会通过与环境的交互采取适当的动作，以最大化累积奖励。

通过强化学习过程，智能体学会在给定环境下选择哪些动作能够最大化长期奖励，而这种学习通常是通过试错和调整策略来实现的。

## 2.1.4  探索的足迹

轨迹（trajectory）是描述智能体在环境中的一系列状态、动作和奖励的序列。例如，根据图 2-5 中展示的策略，从状态 $s_0$ 开始，智能体经历了一系列状态变化和动作选择，每个动作都可能带来奖励。

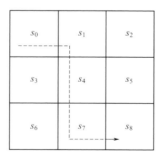

图 2-5  轨迹 1

从图 2-5 可以得到如下的轨迹（trajectory）：

$$s_0 \xrightarrow[r=0]{a_2} s_1 \xrightarrow[r=0]{a_3} s_4 \xrightarrow[r=2]{a_3} s_7 \xrightarrow[r=0]{a_2} s_8$$

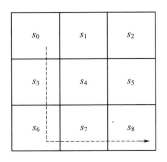

图 2-6　轨迹 2

从图 2-6 可以得到如下轨迹（trajectory）：

$$s_0 \xrightarrow[r=0]{a_3} s_3 \xrightarrow[r=0]{a_3} s_6 \xrightarrow[r=-5]{a_2} s_7 \xrightarrow[r=0]{a_2} s_8$$

回报（return）是沿着轨迹收集到的所有即时奖励的总和。利用回报，可以评估出一个策略的优劣。例如，图 2-5 与图 2-6 的两个策略的回报分别如下：

$$return_1 = 0 + 0 + 2 + 0 = 2$$
$$return_2 = 0 + 0 - 5 + 0 = -5$$

因此，可以判断出图 2-5 的策略要比图 2-6 的策略更好。

在强化学习中，出于以下几个主要原因，还需要引入折扣回报（discounted return）的概念。

• 处理无限长轨迹的收敛问题：在许多强化学习场景中，智能体与环境的交互可能是无限持续的，这意味着轨迹可以无限长。在这种情况下，如果直接对所有奖励进行简单求和，总和可能会无限增长，导致回报值无法收敛。通过引入折扣因子，每个后续奖励都会乘以一个大于 0 小于 1 的折扣率（discounted rate），通常表示为 $\gamma \in (0, 1)$。有了折扣率的概念后，随着时间的推移，奖励的影响逐渐减弱，即使在无限长的轨迹中，回报是确保有限的。引入折扣回报不仅有助于处理无限长轨迹的收敛问题，还简化了相关的数学计算。

- 防止策略过于短视：如果折扣率为零，智能体可能过分追求即时的高奖励行动，而忽视了长期的总体利益，导致策略变得短视。通过引入折扣回报，可以鼓励智能体考虑长期的结果，即使这意味着在短期内可能会获得较低的奖励。

- 调整近期与远期奖励的权重：折扣回报允许通过调整折扣率 $\gamma$ 来平衡对近期奖励和远期奖励的重视程度。当 $\gamma$ 接近 1 时，智能体重视远期的奖励；当 $\gamma$ 较小，接近 0 时，模型更加注重近期的奖励。这种灵活性使得折扣回报成为一种有效的工具，可以根据具体的应用场景和任务需求调整策略的长期规划能力。

- 模拟现实世界的不确定性：在现实世界中，远期的收益通常存在更多不确定性，而通过折扣，可以在模型中模拟这种现象。较低的折扣率反映了对未来不确定性的一种自然响应，即未来的奖励不如当前的奖励那么"确切"。

- 模拟人类和经济行为：在心理学和行为经济学中，人类倾向于对即时奖励赋予更高的价值，这一现象被称为"延迟折扣"或"时间偏好"。

- 资金的时间价值：资金的时间价值是一个基本的金融原则，表明由于其潜在的收益机会，一定量的钱在当前拥有比将来拥有更有价值。这个概念可以直接应用到强化学习中的奖励设计和策略评估上。

在强化学习中，回合（episode）通常是指任务中智能体从某个初始状态开始，经过一系列行为和状态转换，最终到达一个终止状态（terminal state）的整个过程。回合的结束通常是由特定的终止条件定义的，如达到目标状态、陷入陷阱状态或达到最大步数限制，所以回合是一个有限的概念。

任务通常分为两种类型：连续任务（continuous tasks）和回合

任务（episodic tasks）。

• 连续任务：连续任务是指那些没有明确结束点的任务。在这种任务中，智能体与环境的交互是无限持续的，或者至少持续时间非常长，以至于它不能简单地划分为多个独立的片段或阶段。

• 回合任务：与连续任务相对的是回合任务，其中智能体的交互是在有明确结束点的回合下进行的。每个回合都有明确的开始和结束，智能体的目标通常是在每个回合中最大化其收益。

如果环境和策略等一切都是确定的，那么一系列相同的状态则生成相同的回合。如果环境或者策略是随机的，那么即便是一系列相同的状态，也可以产生不同的回合。

总的来说，虽然回合和轨迹都是描述智能体在环境中动作的序列，但回合强调有明确结束点的回合性任务，而轨迹则是一个更广泛的概念，既可以描述有限的序列，也可以描述无限长的交互过程。

## 2.2 马尔可夫大家族

### 2.2.1 马尔可夫过程

概率是描述事件发生可能性的一种数学工具，通常用 0 到 1 之间的数字表示事件发生的可能性大小。静态随机通常指在不考虑时间变化的情况下对某个事件的概率进行分析。例如，当投掷一枚硬币时，正面朝上的概率为 0.5，这是一个静态随机事件。

随机过程（stochastic process）是指在某个时间段内，随机事件的状态随时间变化的过程。它是一种动态的与时间相关的随机现象。例如，当研究某个股票的价格变化时，需要考虑其价格在不同时间点的变化，这就是一个动态的随机过程。

马尔可夫性质（Markov property）是指在一个随机过程中，在给定当前状态以及所有过去状态的情况下，未来状态的条件概率分布仅依赖于当前状态，而与过去状态无关。这是一种很强的独立性假设，称为"无记忆性"或"马尔可夫性"。

在离散随机过程，假设随机变量 $s_1, \cdots, s_t, \cdots$ 构成一个随机过程，如果它具有马尔可夫性，则应该满足下面的公式：

$$p(s_{t+1} \mid s_t) = p(s_{t+1} \mid s_1, \cdots, s_t)$$

上面的公式说明在已知历史信息 $s_1, \cdots, s_t$ 时，下一时刻状态为 $s_{t+1}$ 的概率。虽然 $t+1$ 时刻状态只与 $t$ 时刻的状态有关，其实 $t$ 时刻的状态包含了 $t-1$ 的状态信息，根据链式关系，过去的历史信息得以传递转移。

马尔可夫过程（Markov process）是一种具有马尔可夫性质的随机过程，也被称为马尔可夫链（Markov chain）。马尔可夫链是最简单的马尔可夫过程，通常用于描述一些随机现象，并被广泛应用于实际问题的建模和分析中。

马尔可夫过程可以用二元组 $(S, P)$ 表示，通常用状态空间 $S$ 表示状态集合，且有 $n$ 个状态，$P$ 表示状态转移矩阵（state transition matrix），它给出了所有状态对之间的转移概率：

$$\boldsymbol{P} = \begin{pmatrix} p(s_1 \mid s_1) & p(s_2 \mid s_1) & \cdots & p(s_N \mid s_1) \\ p(s_1 \mid s_2) & p(s_2 \mid s_2) & \cdots & p(s_N \mid s_2) \\ \cdots & \cdots & \cdots & \cdots \\ p(s_1 \mid s_N) & p(s_2 \mid s_N) & \cdots & p(s_N \mid s_N) \end{pmatrix}$$

矩阵 $\boldsymbol{P}$ 中第 $i$ 行第 $j$ 列元素 $p(s_j \mid s_i) = P(S_{t+1} = s_j \mid S_t = s_i)$ 表示从状态 $s_i$ 转移到状态 $s_j$ 的概率，状态转移矩阵的每一行描述了一个状态到其他所有状态的概率。$p(S_{t+1} = s' \mid S_t = s)$ 为状态转移函数（state transition function）。

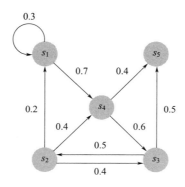

图 2-7　状态转移

图 2-7 中有 5 个状态，这 5 个状态在 $s_1$、$s_2$、$s_3$、$s_4$、$s_5$ 之间互相转移，箭头边的数字代表转移的概率，每个状态转移到其他状态的概率之和为 1。

如图 2-7 所示，从 $s_1$ 开始，$s_1$ 有 0.3 的概率继续保持在 $s_1$ 的状态，有 0.7 的概率转移到 $s_4$。其他的状态以此类推，无法转移到其他状态的 $s_5$ 称为终止状态，即以概率 1 转移到自身。

该马尔可夫过程的状态转移矩阵如下：

$$\boldsymbol{P} = \begin{pmatrix} 0.3 & 0 & 0 & 0.7 & 0 \\ 0.2 & 0 & 0.4 & 0.4 & 0 \\ 0 & 0.5 & 0 & 0.5 & 0 \\ 0 & 0 & 0.6 & 0.4 & 0 \\ 0 & 0 & 0 & 0 & 1 \end{pmatrix}$$

其中，第 $i$ 行第 $j$ 列的数代表从状态 $s_i$ 转移到 $s_j$ 的概率。

在给定马尔可夫过程的情况下，可以使用状态转移矩阵来生成一个回合，这个回合可以被看作是从马尔可夫过程中采样得到的样本，该过程也被称为采样（sampling）。通过采样，可以得到如下的一些轨迹：

$$s_1 \rightarrow s_4 \rightarrow s_5$$

$$s_1 \rightarrow s_4 \rightarrow s_3 \rightarrow s_5$$
$$s_1 \rightarrow s_1 \rightarrow s_4 \rightarrow s_5$$

## 2.2.2　马尔可夫奖励过程

当在马尔可夫过程中加入奖励函数时，得到了一个新的模型，称为马尔可夫奖励过程（Markov reward process，MRP）。马尔可夫奖励过程可以用四元组 $(S, P, r, \gamma)$ 表示，马尔可夫奖励过程是马尔可夫过程的扩展，它包括一个奖励函数（reward function）和一个折扣因子。奖励函数用于测量每个状态的即时奖励，折扣因子用于衡量未来奖励的重要性。

除了上述的马尔可夫过程二元组 $(S, P)$，马尔可夫奖励过程还包括以下几个要素：

· 收益集合 $R$：表示智能体采取行为后的即时奖励的集合。

· 奖励函数 $r$：奖励函数是从某个状态转移到该状态时能够获得的奖励的期望。

· 折扣因子 $\gamma$：折扣因子取值范围为 $[0,1)$，用于衡量未来奖励的重要性。折扣因子表示对未来奖励的折现程度，即越远的未来奖励越不重要。$\gamma$ 越接近于 1，说明决策时更关注长期积累，$\gamma$ 越接近 0 则说明更考虑短期奖励。

图 2-8 中是沿用图 2-7 并添加奖励的示意图，即从马尔可夫过程过渡到马尔可夫奖励过程。比如，进入到 $s_2$ 后得到奖励 $-2$，说明该状态含惩罚，进入 $s_4$ 后可以得到奖励 3，进入 $s_5$ 后奖励为 0，此时为终止状态。

在强化学习中经常讨论状态转换、奖励转移的概念，这些都是马尔可夫奖励过程的关键组成部分。虽然在一些示例中这些概念可能表现为确定性的，但在现实世界的应用中，它们通常是随机的。这里涉及环境的稳定性，即静态环境和非静态环境。静态

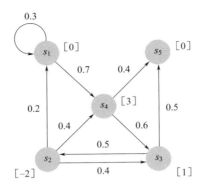

图 2-8 含收益的状态转移

环境是指环境的规则和特性不会随时间变化。

非静态环境则是指环境的规则和特性会随时间发生变化。在这种环境中，智能体需要不断适应新的变化，这增加了学习的复杂性。一个典型的例子是网格世界，如果网格中的禁区（老虎或熊出没的状态区域）会不时出现或消失，那么这个环境就是非静态的，智能体需要能够适应这些变化。一旦智能体学习了如何与环境互动，这些知识将长期有效。

## 2.2.3 马尔可夫决策过程

马尔可夫过程和马尔可夫奖励过程均为一种自发改变的随机过程，如果考虑到外部的因素来共同决定随机过程，则未来的状态还需要考虑当前智能体所采取的决策和外部的反馈，这种过程被称为马尔可夫决策过程（Markov decision process，MDP）。

除了马尔可夫奖励过程涉及的四元组外，马尔可夫决策过程还需要考虑在某一个状态应该采取什么样的动作，即马尔可夫决策过程由 $(S, A, P, r, \gamma)$ 五元组表示。在马尔可夫决策过程中，状态转移多了一个需要考虑的动作因素，而奖励函数中也要涉及动作，即除了马尔可夫奖励过程的四元组外，还要考虑行为等要素：

- 行为集合 $A$：表示智能体可能采取动作的集合。
- 状态转移概率 $p(s' \mid s, a)$：表示从状态 $s$ 采取行为 $a$ 后转移到状态 $s'$ 的概率。
- 收益转移概率 $p(r \mid s, a)$：表示从状态 $s$ 采取行为 $a$ 后能够得到奖励 $r$ 的概率。

马尔可夫奖励过程和马尔可夫决策过程都是随机过程，但它们的区别在于是否具有主动选择的能力。马尔可夫奖励过程是指在一个随机环境中，智能体只能随波逐流地接受外部刺激，无法主动地选择动作。在马尔可夫奖励过程中，智能体的动作不会对环境的状态产生影响，只能通过观察状态和获得的奖励来学习最优策略。因此，马尔可夫奖励过程中没有决策矩阵，只有状态矩阵、奖励函数和状态转移概率。

相比之下，马尔可夫决策过程则具有主动选择的能力，智能体可以根据当前状态选择不同的动作，从而影响环境的状态。智能体在马尔可夫决策过程中需要通过观察当前状态、采取决策、获得奖励以及观察下一个状态，来学习最优策略。因此，马尔可夫决策过程中包括状态矩阵、决策矩阵、奖励函数、状态转移概率和折扣因子。

智能体在马尔可夫决策过程中的目标是最大化长期累积奖励的期望值。为了实现这个目标，智能体需要学习如何选择最优的策略，从而在每个时间步上采取最优决策来最大化长期累积奖励。

不同的策略可能会导致智能体在同一状态下采取不同的动作，从而获得不同的奖励，进而影响智能体的累积奖励的期望。具体来说，同一状态下的价值函数取决于智能体采取的动作，而策略就是智能体在不同状态下采取的动作的概率分布。因此，在不同策略的情况下，同一状态下的价值函数可能会不同，从而导致智能体获得的累积奖励期望也不同。

马尔可夫奖励过程和马尔可夫决策过程都是用于建模决策问题的数学框架，它们在强化学习中扮演着重要角色。尽管它们有共同点，但也存在关键的不同之处：

- 决策的角色：马尔可夫奖励过程不包含动作的选择，而马尔可夫决策过程则将动作作为核心部分。
- 适用范围：马尔可夫奖励过程适用于状态转换和奖励不依赖于智能体决策的场景；马尔可夫决策过程适用于智能体需要做出决策的场景。
- 复杂性：马尔可夫决策过程比马尔可夫奖励过程更复杂，因为它涉及对状态和动作的考虑。

总的来说，马尔可夫奖励过程可以被视为马尔可夫决策过程的一个特例，即不用考虑动作空间。马尔可夫决策过程为强化学习提供了一个更全面的框架，可以模拟更多种类的决策问题。

# 2.3 贝尔曼方程

## 2.3.1 价值函数与动作价值函数

从图 2-5 和图 2-6 可以看出不同的轨迹产生了不同的奖励，最终得到不同的回报。这种不同是由于行动时策略不同所致。如果从回报的角度来看，图 2-5 的策略要优于图 2-6 的策略，说明回报可以对策略的好与坏进行有效评估。

在强化学习的领域中，回报是一项关键指标，用于评估在执行某一策略时系统所获得的总奖励。然而，在随机性的环境中，从一个特定状态出发可能会导致多条不同的轨迹，进而产生不同的回报。

为了应对这一问题，强化学习引入了状态值（state value）的概念。状态值被定义为这些回报的平均值，以反映由于随机性而导致的不确定性。

在时刻 $t$，智能体处于状态 $S_t$，并且利用策略 $\boldsymbol{\pi}$ 采取行为 $A_t$ 后进入到下一个状态 $S_{t+1}$，获得即时奖励 $R_{t+1}$。这个过程可以表示如下：

$$S_t \xrightarrow{\ A_t\ } S_{t+1}, R_{t+1}$$

式中，$S_t$、$S_{t+1}$、$A_t$、$R_{t+1}$ 均是随机变量，$S_t, S_{t+1} \in \boldsymbol{S}$，$A_t \in \boldsymbol{A}$，$R_{t+1} \in \mathbf{R}$。

按照上述思路，从时刻 $t$ 开始可以得到一个状态 - 动作 - 奖励轨迹：

$$S_t \xrightarrow{\ A_t\ } S_{t+1}, R_{t+1} \xrightarrow{\ A_{t+1}\ } S_{t+2}, R_{t+2} \xrightarrow{\ A_{t+2}\ } S_{t+3}, R_{t+3} \cdots$$

考虑折扣因子的情况下，时刻 $t$ 后的回报可以用以下公式计算：

$$G_t = R_{t+1} + \gamma R_{t+2} + \gamma^2 R_{t+3} + \cdots = \sum_{k=0}^{\infty} \gamma^k R_{t+k+1}$$

式中，$\gamma$ 是折扣因子，且 $0 \leqslant \gamma \leqslant 1$。

上面 $G_t$ 的公式也可以利用递归的思路进行变换

$$
\begin{aligned}
G_t &= R_{t+1} + \gamma R_{t+2} + \gamma^2 R_{t+3} + \cdots \\
&= R_{t+1} + \gamma (R_{t+2} + \gamma R_{t+3} + \cdots) \\
&= R_{t+1} + \gamma G_{t+1}
\end{aligned}
$$

因为收益 $R_{t+1}, R_{t+2}, \cdots$ 是随机变量，所以回报 $G_t$ 也是随机变量。

在强化学习中，通常关注如何评估不同策略的优劣，并且可以使用回报来评估策略的好坏。然而，更一般的方法是使用状态值来评估策略，即生成更高状态值的策略被认为是更好的策略。

策略是状态到每个动作的选择概率之间的映射，理解策略在强化学习中的作用，首先需要明白"策略"这个术语的含义。在强化学习中，策略（通常表示为 $\pi$）是指智能体在给定状态下选择各个可能动作的概率分布。换句话说，策略定义了智能体在特定状态下采取不同动作的行为模式。

对于给定的策略，状态值表示从不同状态开始，经过该策略产生的期望回报。因此，如果一个策略在某个状态下产生更高的状态值，说明它更有可能在那个状态下取得更好的长期回报。这使得状态值成为评估策略性能的重要指标。价值函数通常是与特定策略相关的。

这意味着，对于不同的策略，同一状态的价值可能是不同的。价值函数反映了智能体按照特定策略行动时，预期能获得的长期回报。状态值在强化学习中扮演了重要角色，它是对策略在不同状态下表现的一种度量，帮助判断策略的相对优劣。

策略将这些状态映射到动作的概率上，具体来说，对于每一个状态 $s$，策略 $\pi$ 为每一个可能的动作 $a$ 定义了一个概率 $\pi(a \mid s)$。这个概率表明了在状态 $s$ 下选择动作 $a$ 的可能性。

例如智能体在迷宫中寻找出口。迷宫的每个位置可以被视为一个状态，智能体的动作可能是向上、下、左、右移动以及原地不动。策略会为每个位置（状态）定义向每个方向移动（动作）的概率。

当提到"智能体在某时刻选择了策略"，就意味着智能体根据当前状态和策略决定了它的动作。换句话说，智能体观察当前状态，然后根据策略中给出的概率分布来选择其下一个动作。因此，策略在每个给定的状态和动作对 $(s, a)$ 上定义了一个特定的概率，指导智能体的行为决策。

将在策略 $\pi$ 下状态 $s$ 的价值函数定义为 $v_\pi(s)$，也就是从状态 $s$ 开始，智能体通过执行策略 $\pi$ 所得到的回报的期望值。

$$v_\pi(s) = E_\pi[G_t \mid S_t = s]$$

$v_\pi(s)$ 被称为基于策略 $\boldsymbol{\pi}$ 的状态价值函数（state-value function）。

状态值 $v_\pi(s)$ 的计算取决于状态 $s$，代表状态的价值，因为其定义是在从状态 $S_t = s$ 的条件下计算的条件期望。同时，状态值 $v_\pi(s)$ 还取决于策略 $\boldsymbol{\pi}$，因为轨迹是通过遵循策略 $\boldsymbol{\pi}$ 生成的。不同的策略可能导致不同的状态值。

在强化学习中，动作价值（action value）也是一个非常重要的概念，它表示执行某个动作的"价值"。一般情况下，动作价值可以用来生成最优策略。策略 $\boldsymbol{\pi}$ 下，状态 $s$ 采取动作 $a$ 的价值定义为 $q_\pi(s,a)$，动作价值函数（action value function）的定义如下：

$$q_\pi(s,a) = E_\pi[G_t \mid S_t = s, A_t = a]$$

从定义可以看出，动作价值是在执行某个动作后可以获得的回报的平均值，它是在状态价值函数的基础上，增加了对特定行动的考量。需要注意的是，动作价值取决于状态 - 动作对（state-action pair），而不仅仅是行为本身。

在强化学习中，状态价值函数 $v_\pi(s)$ 和动作价值函数 $q_\pi(s,a)$ 之间的关系深刻地描述了在特定策略下状态和动作的平均回报。

状态价值函数 $v_\pi(s)$ 表示在遵循策略 $\boldsymbol{\pi}$ 时，从状态 $s$ 开始的长期预期回报，这个价值是由在该状态下采取所有可能动作的预期回报构成的。状态 $s$ 的价值是策略 $\boldsymbol{\pi}$ 在该状态下采取每个可能动作的平均回报，即：

$$v_\pi(s) = \sum_a \boldsymbol{\pi}(a \mid s) q_\pi(s, a)$$

它综合考虑了所有可能的动作及其发生概率对状态价值的贡献。

回报由两部分组成：即时奖励和后续状态的平均回报。即时

奖励是在状态 $s$ 下采取行动 $a$ 所获得的立即回报。后续状态的平均回报是考虑了所有可能转移到的下一个状态及其价值的总和，这部分价值是根据状态转移概率加权的，并且经过了折扣因子 $\gamma$ 的衰减。这意味着对未来的预期回报进行了一定程度的折扣，以反映未来的不确定性和时间价值。

$$q_\pi(s,a) = r(s,a) + \gamma \sum_{s'} p(s'|s,a) w_\pi(s')$$

这两个函数之间的关系反映了策略 $\pi$ 如何通过考虑在给定状态下所有可能的动作及其潜在结果来确定状态的价值。

## 2.3.2 贝尔曼方程

贝尔曼方程（Bellman equation）在强化学习领域扮演着至关重要的角色。它不仅是理解和计算状态价值的关键数学工具，而且它揭示了状态之间的动态关系，形成了强化学习理论的核心。

贝尔曼方程基于这样一个核心思想，即一个状态的价值（从该状态开始可能获得的期望回报）等于在该状态下采取行动所得到的即时奖励和下一状态价值的总和。这反映了一种状态间的动态依赖，即当前状态的价值取决于未来状态的价值。

在贝尔曼方程的框架下，每个状态的价值都可以通过其他状态的价值来表达，形成一种递归关系。这意味着计算一个特定状态的价值需要知道从该状态可能转移到的所有其他状态的价值。

贝尔曼方程在评估给定策略的效果以及寻找最优策略方面发挥着重要作用。它是许多强化学习算法（如值迭代和策略迭代）的核心组成部分。

贝尔曼方程体现了动态规划的思想，即通过将一个复杂问题分解为更小更易于管理的子问题来解决。在强化学习中，这意味着通过逐步解决小规模的决策问题（单个状态的价值计算），最终解决整个决策过程（整个状态空间的价值计算）。

贝尔曼方程揭示了价值函数的递归特性，使得可以通过迭代方法逐步逼近最优策略。在实践中，这通常涉及重复地应用贝尔曼方程，直到达到一定的收敛标准，从而得到每个状态的最终价值估计。

贝尔曼方程不仅作为一种数学工具帮助理解和计算状态价值，而且作为理论框架帮助建立和理解强化学习中状态之间的动态关系，为求解复杂的决策问题提供了基础。通过它，强化学习算法可以有效地评估策略、迭代改进，最终找到最优解。

贝尔曼方程在强化学习中也扮演着重要角色，它用于描述在特定策略下状态价值函数或动作价值函数的期望值。这些方程帮助理解和计算在给定策略下的长期回报。

贝尔曼方程对于评估和改进给定策略非常有用，因为它们提供了一种计算策略效果的方法，从而可以用来判断是否需要对策略进行调整。

状态价值函数 $v_\pi(s)$ 表示在状态 $s$ 下，在遵循特定策略 $\boldsymbol{\pi}$ 的情况下，智能体预期获得的累积回报。$v_\pi(s)$ 的贝尔曼方程表示为：

对于所有 $s \in \boldsymbol{S}$

$$
\begin{aligned}
v_\pi(s) &= E_\pi\left[R_{t+1} + \gamma v_\pi(s') \mid S_t = s\right] \\
&= \sum_{a \in A} \boldsymbol{\pi}(a \mid s) \sum_{s', r} p(s', r \mid s, a)\left[r + \gamma v_\pi(s')\right]
\end{aligned}
$$

式中，$\boldsymbol{\pi}(a \mid s)$ 是在状态 $s$ 下选择动作 $a$ 的策略概率；$p(s', r \mid s, a)$ 是从状态 $s$ 通过动作 $a$ 转移到状态 $s'$，并得到奖励 $r$ 的概率；而 $\gamma$ 是折扣因子，用于衡量未来奖励的当前价值。

动作价值函数 $q_\pi(s,a)$ 表示在状态 $s$ 下执行动作 $a$，并遵循特定策略的情况下，智能体预期获得的累积回报，可以用贝尔曼方程表示为：

$$q_\pi(s,a) = E_\pi\left[R_{t+1} + \gamma q_\pi(s',a')|S_t = s, A_t = a\right]$$
$$= \sum_{s',r} p(s',r|s,a)\left[r + \gamma\sum_{a'}\pi(a'|s')q_\pi(s',a')\right]$$

式中，$q_\pi(s',a')$ 表示下一个状态 $s'$ 时选择动作 $a'$ 的价值。

这些递归关系表明当前状态（或状态 - 动作对）的价值是基于其可能的下一状态的价值计算出来的。贝尔曼方程是强化学习中用于价值迭代、策略迭代等算法的基础，通过这些递归关系，可以有效地估计状态和动作的价值，从而引导智能体学习最优策略。

### 2.3.3　贝尔曼最优方程

考虑如图 2-9 所示的场景，有 4 个状态，目标状态是 $s_4$、$r_1$、$r_2$、$r_3$、$r_4$ 分别为 0、1、2、3，策略 $\pi$ 如图 2-9 所示。考虑一个问题，该策略是否需要更新？

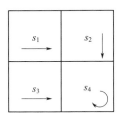

图 2-9　策略 $\pi$

根据贝尔曼方程，首先可以计算出给定策略下的状态值：

$$v_\pi(s_1) = 0 + \gamma v_\pi(s_2)$$
$$v_\pi(s_2) = 1 + \gamma v_\pi(s_4)$$
$$v_\pi(s_3) = 2 + \gamma v_\pi(s_4)$$
$$v_\pi(s_4) = 3 + \gamma v_\pi(s_4)$$

当 $\gamma = 0.9$ 时，可以得到：

$$v_\pi(s_1) = 25.2$$
$$v_\pi(s_2) = 28$$
$$v_\pi(s_3) = 29$$
$$v_\pi(s_4) = 30$$

然后，可以计算出状态 $s_1$ 的动作价值，考虑到动作 $a_1$、$a_4$、$a_5$ 后下一个状态仍然是 $s_1$，可得如下的方程：

$$q_\pi(s_1, a_1) = 0 + \gamma v_\pi(s_1) = 22.68$$
$$q_\pi(s_1, a_2) = 0 + \gamma v_\pi(s_2) = 25.2$$
$$q_\pi(s_1, a_3) = 0 + \gamma v_\pi(s_3) = 26.1$$
$$q_\pi(s_1, a_4) = 0 + \gamma v_\pi(s_1) = 22.68$$
$$q_\pi(s_1, a_5) = 0 + \gamma v_\pi(s_1) = 22.68$$

从上述结果可以看到，对于状态 $s_1$ 下的 5 个策略，行为 $a_3$ 是最优的，因此进行策略更新的时候可以选择将原策略更新为选择动作 $a_3$。

在强化学习中，寻找更好的策略是一个核心任务，而基于动作价值函数来更新策略是实现这一目标的重要方法。这背后的基本思想是，如果更新策略以选择具有最大动作价值的行动，那么可能会找到一个更好的策略。这种方法利用了动作价值函数作为指导，来优化和改进策略，是许多强化学习算法的基本原理。

正如前文所述，在某个状态 $s_1$ 下最初给定的策略并不是最优的，但一旦能计算出在这个状态下所有可能的动作价值，并选择具有最大动作价值的行动作为策略，那么这个新的策略很可能比原来的策略更好。

在强化学习中，任务是通过学习一个策略来最大化长期回报。价值函数衡量了在不同状态或状态 - 动作对下，一个策略的期望长期回报。状态价值函数表示在给定状态下的期望回报，而动作价值函数表示在给定状态和执行给定动作后的期望回报。

最优策略是指在所有可能的策略中能够达到最大期望长期回报的策略。通过比较不同策略的价值函数，可以找到最优策略。

在比较不同策略时，使用价值函数建立了一个偏序关系。如果一种策略在所有状态下都产生的长期回报不比其他所有的策略差，那么称这个策略是最优策略。

对于 $\forall\ s \in S$，最优的策略共享最优状态价值函数，其可以表示如下：

$$v^*(s) = \max_\pi v_\pi(s)$$

对于任意的 $\forall\ s \in S$，$\forall\ a \in A$，最优的策略共享最优状态动作价值函数，其可以表示如下：

$$q^*(s, a) = \max_\pi q_\pi(s, a)$$

贝尔曼最优方程（Bellman optimality equation, 简称 BOE）是强化学习领域的一个核心概念，它在寻找最优策略的过程中起着关键作用，贝尔曼最优方程提供了一种数学上的方法来描述和求解最优策略。最优策略共享相同的最优状态价值函数与最优动作价值函数。

$v_*(s)$ 的贝尔曼最优方程公式如下：

$$v_*(s) = \max_a E\left[R_{t+1} + \gamma v_*(S_{t+1}) \mid S_t = s,\ A_t = a\right]$$
$$= \max_a \sum_{s', r} p(s', r \mid s, a)\left[r + \gamma v_*(s')\right]$$

$v_*(s, a)$ 的贝尔曼最优方程公式如下：

$$q_* (s, a) = E\left[ R_{t+1} + \gamma \max_{a'} q_* (S_{t+1}, a') | S_t = s, A_t = a \right]$$

$$= \sum_{s', r} p(s', r | s, a) \left[ r + \gamma \max_{a'} q_* (s', a') \right]$$

贝尔曼最优方程基于这样一个原则：如果已知从任何状态出发的最优策略所产生的动作价值，即在该状态下采取任何可能行动的最大期望回报，则可以通过这些动作价值来确定最优策略。换句话说，贝尔曼最优方程描述了在最优策略下，状态价值和动作价值之间的关系。

利用贝尔曼最优方程，可以计算出每个状态的最优状态价值或在每个状态下采取每个可能行动的最优动作价值。知道了这些价值后，就可以很容易地确定最优策略：在每个状态下，选择使动作价值最大化的行动。

贝尔曼最优方程在众多强化学习算法中都有应用，如值迭代（value iteration）和策略迭代（policy iteration），值迭代对应贝尔曼最优方程，策略迭代对应贝尔曼期望方程。这些算法迭代地更新状态价值或动作价值函数的估计，逐步逼近最优解。

# 第 **3** 章
# 动态规划

# 3.1 动态规划基础与环境

## 3.1.1 动态规划基础

动态规划（dynamic programming，DP）是规划中的一项重要算法技术，它能够有效地解决具有最优子结构（optimal substructure）和重叠子问题（overlapping subproblem）的问题，前者是将一个问题分解成多个子问题，先求解子问题，然后由这些子问题的解推导出原问题的解，后者则是通过保存先前求解的子问题的答案，可以避免求解目标问题时的重复计算，并在需要时直接利用这些答案。

基于动态规划的强化学习算法的一个关键前提：它们要求事先知道环境的状态转移概率和奖励函数。这意味着这些方法适用于已知的完全可观测的马尔可夫决策过程。

动态规划广泛应用于各个领域，如图像处理、机器学习、计算机视觉等。常见的动态规划问题包括背包问题、最短路径问题等。

通过动态规划计算斐波那契数列第 $n$ 个数的案例来快速了解它的性能。在数学中，斐波那契数列（Fibonacci sequence）是一个数列，其中每个数字均为其前两个数字之和。斐波那契数列中的数字称为斐波那契数，通常用符号 $F_n$ 表示。斐波那契数列可以通过递归关系（recurrence relation）来定义，对于 $n > 1$：

$F_0 = 0, F_1 = 1$ 且 $F_n = F_{n-1} + F_{n-2}$

前 11 个斐波那契数如表 3-1 所示。

表 3-1　斐波那契数列

| $F_0$ | $F_1$ | $F_2$ | $F_3$ | $F_4$ | $F_5$ | $F_6$ | $F_7$ | $F_8$ | $F_9$ | $F_{10}$ |
|---|---|---|---|---|---|---|---|---|---|---|
| 0 | 1 | 1 | 2 | 3 | 5 | 8 | 13 | 21 | 34 | 55 |

使用动态规划来计算斐波那契数列的 Python 代码如下所示：

```python
def fibonacci(n):
    # 初始化斐波那契数列的前两个数字
    fib = [0, 1]

    # 计算斐波那契数列的第 n 个数字
    for i in range(2, n + 1):
        # 使用动态规划公式 F(n) = F(n-1) + F(n-2) 计算
当前数字
        fib.append(fib[i-1] + fib[i-2])

    return fib[n]

print(fibonacci(20))
```

结果显示：

```
6765
```

在马尔可夫决策过程中，同样可以使用动态规划的思想将问题分解成递归的子问题，然后通过求解子问题来得到原问题的解。在使用动态规划将马尔可夫决策过程分解成递归的子问题时，如果子问题的子状态能够得到一个值，比如价值函数，那么它的未来状态因为与子状态是直接相关的，所以可以求出未来状态。在强化学习中，动态规划核心思想就是使用价值函数找出最优策略。

利用动态规划求解马尔可夫决策过程时，要求环境是完全已知的，即状态转移概率以及对应奖励已知。这种情形下，智能体并不需要与环境产生大量的交互，可以使用动态规划对状态价值函数进行求解。然而在很多实际场景中无法事先知道环境的状态转移函数和奖励函数，这也是动态规划的局限。

## 3.1.2 环境：冰湖

在 Gym 库中，一些环境被设计得非常简单，具有小型的离散状态和动作空间，从而易于学习。因此，它们非常适合用于调试强化学习算法的实现。

冰湖（FrozenLake）是 Gym 库中的一个环境任务，它是一个经典的强化学习环境，模拟了一个冰湖的场景。该环境是一个 2D 方格世界，其中代表冰湖的方格被冰面（S）或洞（H）占据，还有一个起点（S）和一个目标点（G）。玩家的目标是通过选择动作，从起点安全地到达目标点，同时避免掉入洞中。如图 3-1 所示。

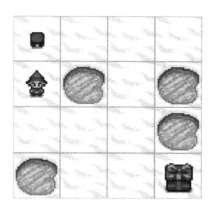

图 3-1　冰湖环境

每一次移动，智能体的动作包括向上、向下、向左和向右四个方向，并且每次移动一格。

由于在冰面行走可能出现打滑，玩家并不能总是按照选择的动作移动。在每次移动中，智能体会按照一定的概率沿着所选择的方向移动，但实际上智能体也有可能向其他方向移动。

当玩家掉入洞中时，游戏失败，奖励为 0；当玩家成功到达目标点时，游戏胜利，奖励为 1。到达其他的地方没有奖励。智能体的目标是通过学习并优化策略，最大化获得累积奖励的期望值。

冰湖环境具有简单的状态空间和动作空间，适合用于调试和验证强化学习算法的实现。通过与环境的交互，智能体可以学习最佳策略，以在冰湖上安全地导航。

以图 3-1 中的冰湖环境为例，下面再用强化学习的语言进行基本情况的描述。

- 状态空间：FrozenLake 环境的状态空间是一个网格世界，FrozenLake 环境的冰湖布局可以是随机生成的，有不同的变化。此时冰湖被表示为一个 $4 \times 4$ 的方格世界。其中包含 16 个不同的状态，这些状态被编码为 0 到 15 之间的整数，即 $\{s_0, s_1, \cdots, s_{15}\}$。

- 动作空间：FrozenLake 环境的动作空间包括 4 个离散的动作：向上移动（0）、向下移动（1）、向左移动（2）和向右移动（3），即 4 个不同的动作为 $\{a_0, a_1, a_2, a_3\}$。注意，状态和动作在编程环境中均需要使用 int 型数值进行表示。

- 奖励：在 FrozenLake 环境中，有一些状态是冰面，智能体可以安全地在冰面上移动。还有一些状态是洞口，当智能体进入洞口时，回合结束。当智能体成功到达目标状态终点时，会获得奖励值为 1；当智能体进入洞口时，会获得奖励值为 0；其他情况下，智能体获得奖励值为 0。智能体的目标是通过选择适当的动作移动到冰湖的终点，并获得最大的累积奖励。

- 转移概率：在 FrozenLake 环境中，智能体执行一个动作后，会以一定的概率转移到下一个状态。转移概率由环境的转移函数决定。

- 终止状态：在 FrozenLake 环境中，有两种终止状态，一个是达到目标后的目标状态，另一个则是掉入冰窟窿。当智能体到达终止状态时，回合结束。

这些基本情况描述了 FrozenLake 环境的特征和规则，用于实现和理解强化学习算法。

```
import gymnasium as gym          # 导入 gymnasium 库
import numpy as np
env = gym.make('FrozenLake-v1')  #v1 版地图
print(env.observation_space)     # 智能体可能采取的观测空间
print(env.action_space)          # 动作空间
print(env.observation_space.n)   # 给出可能的状态的总数
print(env.action_space.n)        # 给出可能的动作的总数
```

结果显示：

```
Discrete(16)
Discrete(4)
16
4
```

最初 Gym 给出的环境是 v0 版本，目前用的是 v1 版本，相对于之前的 v0 版，v1 版本针对奖励的一些问题进行了修复。

给定状态，比如状态 14（即第 15 格）。各个动作的转移概率可以通过以下代码实现：

```
# LEFT = 0; DOWN = 1; RIGHT = 2; UP = 3
for a in range(4):
    print(" 智能体采取的动作 :",a)
    print(env.P[14][a])  # P[*][*] 中第一个 [ ] 中的数字
表示所处状态，第二个 * 表示动作
```

结果显示：

```
智能体采取的动作 : 0
[(0.3333333333333333, 10, 0.0, False), (0.3333333333333333,
13, 0.0, False), (0.3333333333333333, 14, 0.0, False)]
```

智能体采取的动作：1
```
[(0.3333333333333333, 13, 0.0, False), (0.3333333333333333,
14, 0.0, False), (0.3333333333333333, 15, 1.0, True)]
```
智能体采取的动作：2
```
[(0.3333333333333333, 14, 0.0, False), (0.3333333333333333,
15, 1.0, True), (0.3333333333333333, 10, 0.0, False)]
```
智能体采取的动作：3
```
[(0.3333333333333333, 15, 1.0, True), (0.3333333333333333,
10, 0.0, False), (0.3333333333333333, 13, 0.0, False)]
```

结果显示的是元组列表，各元组中包括概率、下一状态、奖励值以及回合结束指示等四个部分。当回合结束指示为"True"时，表示回合结束。

通过下面的命令，也可以显示出地图的相关情况：

```
import gymnasium as gym    # 导入 gymnasium 库
env = gym.make('FrozenLake-v1')
# 获取默认地图
Map = env.desc   # 将数组 / 矩阵转换为列表
print(Map)
```

结果显示：

```
[[b'S', b'F', b'F', b'F'],
 [b'F', b'H', b'F', b'H'],
 [b'F', b'F', b'F', b'H'],
 [b'H', b'F', b'F', b'G']]
```

上述结果是 FrozenLake-v1 环境的默认地图，其中每个字符代表一个不同的位置类型。'S' 代表起始位置，'F' 代表安全位置（Frozen），'H' 代表洞（Hole），'G' 代表目标位置（Goal）。

因此，这个地图起始位置在左上角，目标位置在右下角，有两个窟窿分别位于第二行第二列和第三行第四列，其余位置为安全位置。在这个环境中，智能体的目标是从起始位置出发，避免掉入窟窿，并到达目标位置。

# 3.2　策略迭代算法

## 3.2.1　原理

基于动态规划的强化学习算法中，策略迭代（policy iteration）和价值迭代（value iteration）是两种常用的算法。策略迭代由策略评估（policy evaluation）和策略改进（policy improvement）两部分组成。策略迭代是强化学习中的一个关键过程，它通过不断交替执行策略评估和策略改进步骤来找到最优策略。

策略评估是动态规划中的一个关键步骤，用于计算在特定策略 $\pi$ 下每个状态的价值。这个过程称为迭代策略评估，它通过迭代方法逐步逼近给定策略的状态价值函数。

在策略评估过程中，首先任意初始化状态价值函数，然后反复应用贝尔曼方程来更新该策略下每个状态的价值。

第一种方法是使用闭式解，也就是解决如下的贝尔曼方程：

$$v_\pi = r_\pi + \gamma P v_\pi$$

前文中已经提及，上述公式是贝尔曼方程的矩阵向量形式。其中，$v_\pi$ 表示在策略 $\pi$ 下的状态价值；$r_\pi$ 是在策略 $\pi$ 下，从状态 $s$ 出发采取行动 $a$ 所获得的即时奖励，$v_\pi$ 和 $r_\pi$ 均为 $n$ 维向量；$\gamma$ 是折扣因子，用于计算未来奖励的当前价值；$P$ 是状态的概率转移矩阵。

利用 $v_\pi = (I - \gamma P)^{-1} r_\pi$ 进行求解。这里 $(I - \gamma P)^{-1}$ 是需要求逆的矩阵；$r_\pi$ 是策略 $\pi$ 下的奖励向量。尽管这种闭式解对于理论分析很有用，但在实践中可行性不强，因为它涉及计算矩阵的逆，当维度很大时计算十分复杂。

下面的内容是贝尔曼方程矩阵向量形式的求解代码：

```python
import numpy as np

# 状态转移概率矩阵
P = np.array([
    [0.7, 0.2, 0.1, 0.0, 0.0, 0.0],
    [0.1, 0.6, 0.1, 0.1, 0.1, 0.0],
    [0.0, 0.1, 0.5, 0.2, 0.1, 0.1],
    [0.0, 0.0, 0.2, 0.6, 0.1, 0.1],
    [0.0, 0.0, 0.0, 0.2, 0.7, 0.1],
    [0.0, 0.0, 0.0, 0.0, 0.0, 1.0],
])


# 奖励向量 R
R = np.array([-1, -2, -2, 10, 1, 0])

# 折扣因子 gamma
gamma = 0.5

# 计算状态价值 V
# 使用线性方程组 (I - gamma * P)V = R 来求解
I = np.eye(len(R))  # 单位矩阵
V = np.linalg.inv(I - gamma * P).dot(R)

print(" 各状态的价值 V:", V)
```

结果显示：

```
各 状 态 的 价 值 V: [-1.85091224 -1.72998457 -0.60189002
14.46861589 3.76440244  0.          ]
```

第二种方法是迭代算法，利用之前介绍 $v(s)$ 的贝尔曼方程，即在已知奖励函数和状态转移函数时，利用动态规划的思想，将计算下一个状态的价值看作一个子问题，将计算当前状态的价值看作当前问题。

在获得子问题解答后，可以求解当前问题。这一过程可以被一般化，考虑所有状态，从而使用上一轮的状态价值函数计算当前轮的状态价值函数。

这种方法允许系统根据环境的反馈逐步优化决策，是强化学习中基于价值的方法的核心思想，公式表示如下：

$$v_{k+1}(s) = \sum_a \pi(a|s) \sum_{s',r} p(s',r \mid s,a)\big[r + \gamma v_k(s')\big]$$

从设定任意的初始估计 $v_0$ 开始，理论上，当 $k \to \infty$，$v_k$ 可以收敛到真正的状态价值，但这在实践中是无法实现的。因此，实际上迭代会在满足某个准则时停止，例如 $\max_{s \in S} |v_{k+1}(s) - v_k(s)|$ 小于一个预设的小值，或者迭代次数 $k$ 超过某个阈值。

提前结束策略评估的优化措施可以有效地提升效率，并且得到的价值非常接近真实的价值。因为策略评估本身就是一个近似计算的过程，提前结束策略评估对得到的价值的精度影响并不大。

通过策略评估，能够了解当前策略的性能，为接下来的策略改进提供必要的基础。策略评估提供了一种系统性的方法来量化和评估策略的效果，这对于理解和改进策略至关重要。

在策略评估步骤计算出给定策略 $\pi$ 下的状态价值函数之后，策略改进步骤的目的是基于这些价值函数来改善或更新策略，即根据当前估算的状态价值来更新策略，得到一个更优的策略。

一旦通过策略评估计算出了当前策略的状态价值函数，就能利用这些信息来改进策略。在改进策略时，关注的是如何在每个状态下获得更高的期望回报。

策略改进定理（policy improvement theorem）是强化学习中的一个核心概念，它提供了策略迭代方法的理论基础。这个定理说明了为什么和如何通过改进策略来提高状态价值函数，从而逐步逼近最优策略。

如果对于某个策略 $\pi$，存在另一个策略 $\pi'$，在每个状态下至少和 $\pi$ 一样好，且至少在一个状态下更好，那么 $\pi'$ 的期望回报（即状态价值函数）将严格优于 $\pi$。

假设有一个策略 $\pi$ 和对应的状态价值函数 $v_\pi$。可以构建一个新策略 $\pi'$，使得对于所有状态 $s$，策略 $\pi'$ 在 $s$ 状态下选择行动 $a$，即

$$\pi'(s) = \arg\max_a \sum_{s',r} p(s',r \mid s,a)\left[r + \gamma v_\pi(s')\right]$$

根据策略改进定理，这个新策略 $\pi'$ 不会比原策略 $\pi$ 差。

在策略迭代算法中，每一轮都会交替进行策略评估和策略改进。策略评估计算当前策略的状态价值函数，然后策略改进根据评估结果生成一个新策略。由于策略改进定理保证了新策略至少和旧策略一样好，所以这个过程可以保证策略的稳步改进，最终收敛到最优策略。

策略改进定理的重要性在于它提供了一种系统的方法来改进策略，并保证了这种改进过程的有效性。通过反复应用策略改进定理，强化学习算法可以保证找到最优策略，或者在实际应用中，至少是高度近似的最优策略。

随着策略迭代的进行，策略会逐渐改善直至达到最优策略。策略迭代的过程如下所示：

$$\pi_0 \xrightarrow{\text{评估}} v_{\pi_0} \xrightarrow{\text{改进}} \pi_1 \xrightarrow{\text{评估}} v_{\pi_1} \xrightarrow{\text{改进}} \pi_2 \xrightarrow{\text{评估}}$$

$$\cdots \xrightarrow{\text{改进}} \pi^* \xrightarrow{\text{评估}} v^*$$

策略迭代是一种高效的强化学习方法，它通过交替进行策略评估和策略改进步骤来逐渐逼近最优解，使得每一次得到的策略不会比之前的策略差，直至找到最优的策略与最优的价值函数。

尽管每次策略评估本身是一个迭代计算，但是由于从一个策略到下一个策略的平滑过渡，整个策略迭代过程通常能够快速收敛。这使得策略迭代成为寻找最优策略的一种有效方法，尤其适用于有限状态和动作空间的马尔可夫决策问题。

## 3.2.2  代码

导入相应的库与智能体所需要面对的环境：

```python
import gymnasium as gym    # 导入 gymnasium 库
import numpy as np
env = gym.make('FrozenLake-v1')
```

策略函数的代码如下：

```python
def policy_evaluation(env, policy, discount_factor=1.0,
theta=1e-6):
    # 策略评估函数，计算给定策略下的状态值函数
    # 初始化状态值函数为零
    V = np.zeros(env.observation_space.n)


    while True:
        delta = 0
        # 初始化差值 delta 为零，用于判断是否收敛

        for s in range(env.observation_space.n):
            # 对于每个状态 s
            v = 0
```

```
        # 初始化状态值 v 为零

        for a, action_prob in enumerate(policy[s]):
            # 对于状态 s 下的每个动作 a 及其对应的概
率 action_prob

            for prob, next_state, reward, done in
env.P[s][a]:
                # 对于在状态 s 下采取动作 a 的结果,
包括下一个状态 next_state、奖励 reward 和是否结束 done
                # 对应的元组

                v += action_prob * prob * (reward
+ discount_factor * V[next_state])
                # 更新状态值 v, 计算累积奖励
            ###V[next_state] 表示 "for prob, next_state,
reward, done in env.P[s][a]:" 中的 next_state###

            delta = max(delta, np.abs(v - V[s]))
            # 计算当前状态值与更新后状态值之间的最大差值
            # 备注: 可以对为什么取最大差值进行解释

            V[s] = v
            # 更新状态值函数为新的状态值 v

    if delta < theta:
        # 如果状态值函数的更新量小于给定阈值 theta,
则认为已经收敛, 结束循环
        break

return V
```

定义策略改进函数, 代码如下:

```python
def policy_improvement(env, V, discount_factor=1.0):
    # 策略改进函数，根据给定的状态值函数，更新策略

    policy = np.zeros([env.observation_space.n, env.
action_space.n])
    # 初始化策略

    for s in range(env.observation_space.n):

        # 对于每个状态 s

        q_values = np.zeros(env.action_space.n)
        # 初始化动作值函数为零

        for a in range(env.action_space.n):
            # 对于每个动作 a

            for prob, next_state, reward, done in env.
P[s][a]:
                # 对于在状态 s 下采取动作 a 的结果，包
括下一个状态 next_state、奖励 reward 和是否结束 done

                q_values[a] += prob * (reward +
discount_factor * V[next_state])
                # 更新动作值函数，计算累积奖励

        best_action = np.argmax(q_values)
        # 找到具有最大动作值的动作索引

        policy[s][best_action] = 1.0
        # 将最优动作的概率设为 1，其他动作概率设为 0

    return policy
```

定义策略迭代函数，代码如下：

```python
def policy_iteration(env, discount_factor=0.9):
    # 策略迭代函数，通过反复进行策略评估和策略改进，获得最
优策略和最优状态值函数


    policy = np.ones([env.observation_space.n, env.action_
space.n]) / env.action_space.n
    # 初始化策略为均匀分布


    while True:
        V = policy_evaluation(env, policy, discount_
factor)
        # 进行策略评估，计算当前策略下的状态值函数


        new_policy = policy_improvement(env, V,
discount_factor)
        # 进行策略改进，更新策略


        if np.array_equal(new_policy, policy):
            # 如果新策略与当前策略相符，则认为已经获得最
优策略，结束循环
            break


        policy = new_policy
        # 更新当前策略为新策略


    return V, policy
```

给出最优价值函数矩阵，代码如下：

```
# 使用策略迭代获取最优价值函数矩阵，以及策略迭代获取最优策略
optimal_value_function, optimal_policy = policy_
iteration(env)
# 打印最优价值函数矩阵
print(" 最优价值函数矩阵 :")
print(optimal_value_function)
```

结果显示：

```
最优价值函数矩阵 :
[0.06888673 0.06141154 0.07440786 0.05580526 0.09185135 0.
 0.11220737 0.          0.14543417 0.24749575 0.29961685 0.
 0.          0.37993513 0.63901979 0.          ]
```

给出最优策略，代码如下：

```
# 打印最优策略
direction= [' 左 ',' 下 ',' 右 ',' 上 ']
op_list = np.argmax(optimal_policy, axis=1)
map_list = list(np.ndarray.tobytes(env.desc).
decode("utf-8"))
print(" 最优策略 :")
for i in range(4):
    for j in range(4):
        if map_list[i*4+j] == 'H':
            print(' 洞 ',end=' ')
        elif(i*4+j) in [15]:
            print(' 终 ',end=' ')
        elif(i*4+j) in [0]:
            print(' 始 ',end=' ')
        else:
            print(direction[op_list[i*4+j]],end=' ')
    print()
```

结果如下：

最优策略：
始　上　左　上
左　洞　左　洞
上　下　左　洞
洞　右　下　终

# 3.3　价值迭代算法

## 3.3.1　原理

策略迭代算法中的一个主要缺点是，它的每次迭代都涉及策略评估过程，而策略评估本身可能是一个长时间的迭代计算过程，需要多次遍历整个状态集合。如果策略评估是以迭代的方式进行，那么精确地收敛很可能只能在理论上实现。

实际上，可以在策略评估没有完全收敛时就截断（truncate）它。策略迭代中的策略评估步骤可以以多种方式截断，同时不失去策略迭代的收敛保证。一个十分重要的特例是在每个状态更新一次之后就停止策略评估，这种算法被称为价值迭代。价值迭代算法可以被视为策略迭代的一个特殊情况，其中策略评估步骤在每次迭代中只进行一次价值更新，而不是等到状态价值函数完全收敛。

价值迭代算法通常比完整的策略迭代更高效，因为它避免了在每次迭代中进行完整的策略评估，通过每次迭代直接进行状态价值的更新和策略的改进，很大程度上加快了学习过程，特别是在状态和动作空间很大的情况下。

在传统的策略迭代中，策略评估需要多次迭代直到状态价值函数收敛，然后进行一次策略改进。虽然这种方法可以保证找到最优策略，但它在每个策略上的计算量很大，尤其是在大型问题中。

价值迭代简化了这个过程。在价值迭代中，每次迭代只进行一次状态价值函数的更新，然后立即进行策略改进。这实际上是将策略评估和策略改进步骤合并成了一个单一的步骤。

在价值迭代中，直接更新状态价值函数，每次迭代都基于当前的价值函数来选择最优行动。价值迭代实际上是动态规划的一种形式，它利用贝尔曼最优方程来迭代地更新状态价值函数，直到达到最优解。价值迭代的核心思想是在每次迭代中，对于每个状态，都尝试找到最大化该状态价值的行动，并据此更新状态的价值。

利用价值函数的贝尔曼最优方程，可以给出以下价值迭代更新的规则：

$$v_{k+1}(s) = \max_a \sum_{s',r} p(s',r \mid s, a)\left[r + \gamma v_k(s')\right]$$

这里，$v_k$ 是在第 $k$ 次迭代后的状态价值函数，而 $v_{k+1}$ 是在第 $k+1$ 次迭代后的状态价值函数。这个过程重复进行，直到状态价值函数的变化小于某个预定阈值，表明它已经收敛到一个稳定的解。

价值迭代通过只进行一次价值更新，大大减少了每次迭代的计算量。尽管价值迭代在每次迭代中只进行一次价值更新，但它仍然保证了收敛到最优策略。价值迭代特别适合于那些状态和动作空间非常大的情况，其中传统的策略迭代计算可能过于密集。

总之，价值迭代提供了一种更高效的方式来求解强化学习问题，特别是在资源有限或问题规模较大的情况下。通过简化策略评估过程，它加速了学习过程，同时仍然保证了找到最优策略的能力。

## 3.3.2  代码

导入相应的库与智能体所需要面对的环境：

```
import gymnasium as gym    # 导入 gymnasium 库
import numpy as np
env = gym.make('FrozenLake-v1')
```

定义价值迭代函数，代码如下：

```
def value_iteration(env, gamma=0.9, theta=1e-8):
    # 定义价值迭代函数，接受环境和其他参数作为输入


    num_states = env.observation_space.n
    num_actions = env.action_space.n
    V = np.zeros(num_states)  # 初始化价值函数


    while True:
        delta = 0
        # delta 用于跟踪每次迭代中的最大变化值


        for s in range(num_states):
            v = V[s]
            # 保存上一次迭代的值函数


            q_values = np.zeros(num_actions)
            # 初始化动作值函数
```

```
        for a in range(num_actions):
            for prob, next_state, reward, done in env.
P[s][a]:
                q_values[a] += prob * (reward +
gamma * V[next_state])
                # 根据 Bellman 方程计算动作值函数


        V[s] = np.max(q_values)
        # 更新状态 s 的值函数为动作值函数中的最大值
        delta = max(delta, abs(v - V[s]))
        # 计算最大变化值

        if delta < theta:
            # 如果最大变化值小于设定的阈值 theta，则退出
迭代
            break

    # 计算最优策略
    policy = np.zeros(num_states, dtype=int)
    # 初始化最优策略

    for s in range(num_states):
        q_values = np.zeros(num_actions)
        # 初始化动作值函数

        for a in range(num_actions):
            for prob, next_state, reward, done in
env.P[s][a]:
                q_values[a] += prob * (reward +
gamma * V[next_state])
                # 根据 Bellman 方程计算动作值函数
```

```
        policy[s] = np.argmax(q_values)
        # 根据动作值函数选择最优动作作为最优策略

    return V, policy
```

运行价值迭代算法得到最优价值函数和策略。

```
optimal_V, optimal_policy = value_iteration(env)
```

生成最优价值函数。

```
print("Optimal Value Function:")
print(optimal_V)
```

结果如下:

```
Optimal Value Function:
[0.06889086 0.06141454 0.07440974 0.0558073  0.09185451
0.
 0.1122082  0.          0.14543633 0.24749694 0.29961758
0.
 0.          0.37993589 0.63902014 0.          ]
```

生成最优策略:

```
direction= ['左','下','右','上']
op_list = optimal_policy
map_list = list(np.ndarray.tobytes(env.desc).
decode("utf-8"))
print("最优策略:")
for i in range(4):
    for j in range(4):
        if map_list[i*4+j] == 'H':
            print('洞',end=' ')
```

```
        elif(i*4+j) in [15]:
            print(' 终 ',end=' ')
        elif(i*4+j) in [0]:
            print(' 始 ',end=' ')
        else:
            print(direction[op_list[i*4+j]],end=' ')
    print()
```

结果显示：

最优策略：
始 上 左 上
左 洞 左 洞
上 下 左 洞
洞 右 下 终

第 **4** 章

# 蒙特卡洛

强化学习可以分为有模型（model-based）和无模型（model-free）两种类型，这两种类型主要区别在于是否对环境进行建模。

有模型方法假设智能体拥有对环境的完全模型，包括对环境动态变化的准确了解。有模型方法试图学习环境的模型，并基于该模型进行规划和决策。无模型方法则不依赖于对环境的精确模型。本章的蒙特卡洛算法以及下一章要介绍的时序差分算法属于无模型方法，它们通过采样来学习，而无须显式地建模环境。

在强化学习中，模型通常指环境的动态模型（dynamics model），主要包括环镜的转移概率和奖励函数两个部分，它描述了智能体与环境之间的相互作用方式。动态规划算法通过迭代计算状态值函数或动作值函数，从而得到最优的价值函数和策略。它将问题分解为子问题，并利用贝尔曼方程来更新值函数。通过迭代的方式，最终可以得到最优的值函数和策略。

动态规划算法通过使用贝尔曼方程来更新当前状态的价值估计。贝尔曼方程描述了当前状态的价值与后续状态的价值之间的关系。根据贝尔曼方程，可以通过迭代更新状态的估计值，使其逐渐收敛到真实的价值函数。动态规划算法需要了解环境的转移概率和奖励函数，以便进行状态价值的更新。

在某些情况下，动态规划算法是可行且高效的，特别是在状态空间较小且具有明确规则的问题中，例如迷宫或特定规则的网格世界。在这些问题中，智能体可以通过计算而非实际交互来找到最优解。

然而，对于状态空间较大或连续的问题，动态规划算法可能变得不切实际，因为它需要计算和存储大量的值函数。此外，对于大部分强化学习的场景，马尔可夫决策过程的状态和转移概率往往是未知的或无法直接写出的。在这种情况下，传统的动态规划方法无法直接应用。

在实际场景中，环境的运行可能受到多种因素的影响，准确地建立环境动态模型可能是一项困难的任务，无模型方法弥补了这一缺失，使得强化学习算法更具通用性和适应性。在处理复杂任务时，无模型方法通常更具优势，因为它们能够在与环境的交互中逐步学习，而不受先验知识的限制。无模型方法已经成为强化学习领域中的一种重要范式，广泛应用于实际问题，尤其是那些难以建模的现实场景。

无模型方法主张通过与环境的实际互动来获取数据，直接从经验数据中学习知识，而不是依赖于事先建立或者学习得到的环境模型。这种在没有详细环境信息的情况下直接经验学习的方式，使得算法更适应复杂与不确定的真实环境，因此，通常具有较强的适应性和泛化能力，能够在复杂的未知的环境中进行学习和决策。

总体而言，无模型的强化学习方法通过在实践中学习，允许智能体在面对未知环境时做出适应性决策，从而在应对现实世界的挑战时发挥关键作用。需要注意的是，无模型的强化学习方法也存在一些不足，它可能需要更多的交互与采样数据，并且在训练过程中需要更长的时间来找到最优解。此外，由于没有对环境动态性的显式建模，无模型方法的学习过程可能更加不稳定和难以收敛。

# 4.1　随机变量的数字特征

## 4.1.1　期望

在强化学习中，随机变量的期望是一个非常重要的概念。期望是随机变量的平均值，它是理解和分析学习算法的关键。假设

离散型随机变量 $X$ 的分布律 ❶ 为：

$$P\{X=x_k\}=p_k, k=1, 2, \cdots$$

则随机变量 $X$ 的数学期望 $E(X)$，也称均值的公式如下表示：

$$E(X)=\sum_{k=1}^{\infty} x_k p_k$$

假设有一组从 1 到 10 的收益，每个收益发生的概率如表 4-1 所示。

表 4-1　收益与概率

| 收益 | 概率 |
|------|------|
| 1 | 0.05 |
| 2 | 0.10 |
| 3 | 0.10 |
| 4 | 0.10 |
| 5 | 0.10 |
| 6 | 0.10 |
| 7 | 0.15 |
| 8 | 0.15 |
| 9 | 0.10 |
| 10 | 0.05 |

根据期望的公式可以求得收益的均值为：

$$E(X)=1 \times 0.05+2 \times 0.10+\cdots+10 \times 0.05=5.7$$

这里也可以利用 Python 程序求解期望，代码如下：

---

❶ 本书中几乎不涉及连续型随机变量的讨论，因此仅讨论离散型随机变量的数学特征。此外，假设 $\sum_{k=1}^{\infty} x_k p_k$ 绝对收敛。

```
# 定义收益和概率
rewards = [1, 2, 3, 4, 5, 6, 7, 8, 9, 10]
probabilities = [0.05, 0.10, 0.10, 0.10, 0.10, 0.10,
0.15, 0.15, 0.10, 0.05]
# 计算期望值
expected_value = sum(reward * probability for reward,
probability in zip(rewards, probabilities))
print(" 期望值是 :", expected_value)
```

结果显示：

期望值是：5.700000000000001

## 4.1.2　方差

方差是用来度量一组数字的离散程度或分散程度的统计量。在给定的数据集中，方差衡量了每个数据点与整体平均值之间的差异。

具体而言，对于随机变量，方差表示随机变量取值的分散程度。它是每个随机变量值与随机变量的均值之差的平方的期望值。方差的计算公式如下：

$$Var(X) = E\left[\left(X - E(X)\right)^2\right]$$

式中，$Var(X)$ 表示随机变量的方差。

利用 Python 程序进行方差的求解十分方便，接上例求解方差的代码如下：

```
# 已知的期望值
expected_value = 5.70
# 计算方差
```

```
variance = sum(probability * (reward - expected_
value) ** 2 for reward, probability in zip(rewards,
probabilities))

print(" 方差是 :", variance)
```

结果显示：

方差是： **6.610000000000001**

　　方差越大，说明数据点相对于均值的离散程度越高，数据分布越分散；方差越小，说明数据点相对于均值的离散程度越低，数据分布越集中。方差在统计学和概率论中广泛用于描述随机变量的分散情况，它是衡量数据变异性的重要指标。

# 4.2　蒙特卡洛方法与应用

　　蒙特卡洛方法（Monte Carlo method）或蒙特卡洛实验，是一类广泛的计算算法，这些算法依赖于重复的随机抽样来获得数值结果。其基本概念是利用随机性来解决原则上可能是确定性的问题。

　　具体来说，蒙特卡洛方法可以通过反复实验进行统计，从而得到概率分布的近似值，进而逼近模型中相应的真实值，从而避免了对模型的依赖，这在模拟和应用中非常有用，尤其是当分布形式复杂或者无法直接从中抽样时。

　　冯·诺依曼和乌拉姆在研究原子弹制造过程中产生的中子扩散问题时，提出了这种利用随机数模拟计算的蒙特卡洛方法。由于当时的研究对外保密，所以需要使用代号来代替具体的方法名字。

蒙特卡洛方法广泛应用于优化、数值积分以及生成随机样本等问题，对于寻找复杂系统最优解方面非常有用，尤其是在解空间大或者问题难以用传统优化方法解决时。通过随机抽样，蒙特卡洛方法可以探索解空间，寻找近似最优解。

## 4.2.1　圆面积的估计

蒙特卡洛方法是一种基于概率的数值计算方法，可以用来估计某些难以通过解析方法计算的数学问题。其中，估计圆的面积是蒙特卡洛方法的经典应用之一。

蒙特卡洛方法的基本思路是生成大量的随机样本，然后利用这些样本来估计圆的面积。具体的做法是，在一个正方形内随机生成大量的点，然后统计落在圆内的点的数量，最后用圆内点的数量除以总点数，再乘以正方形的面积，即可估计圆的面积。

```
import random
import matplotlib.pyplot as plt
#### 默认设置下 matplotlib 图片清晰度不够，可以将图设置成矢量格式
%config InlineBackend.figure_format = 'svg'

# 设置随机数种子
random.seed(1)

# 定义正方形边长和圆的半径
square_size = 1
radius = 0.5

# 定义样本数量
n = 10000
```

强化学习：人工智能如何知错能改

```python
# 初始化圆内点的数量和所有点的数量为0
count_circle = 0
count_all = 0

# 初始化保存点坐标的列表
x_inside = []
y_inside = []
x_outside = []
y_outside = []

# 循环生成随机样本
for i in range(n):
    # 随机生成点的坐标
    x = random.uniform(0, square_size)
    y = random.uniform(0, square_size)

    # 计算点到圆心的距离
    d = ((x - square_size/2)**2 + (y - square_
size/2)**2)**0.5

    # 判断点是否在圆内
    if d <= radius:
        count_circle += 1
        x_inside.append(x)
        y_inside.append(y)
    else:
        x_outside.append(x)
        y_outside.append(y)

    # 记录所有点的数量
    count_all += 1

# 计算圆的面积
```

```
circle_area = count_circle / count_all * square_size**2

# 输出结果
print(" 圆的面积估计值为: ", circle_area)

# 画图
plt.figure(figsize=(6,6))
plt.scatter(x_inside, y_inside, color='blue', s=1)
plt.scatter(x_outside, y_outside, color='gray', s=1)
plt.xlim(0, square_size)
plt.ylim(0, square_size)
plt.gca().set_aspect('equal', adjustable='box')
plt.show()
```

结果显示:

圆的面积估计值为: 0.779

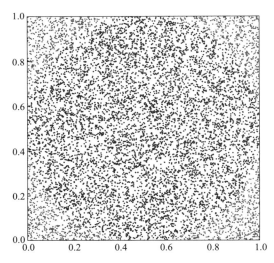

这个实验是蒙特卡洛方法的一个经典案例,它展示了如何通过随机来估算一个复杂问题的解。

## 4.2.2　均值估计

蒙特卡洛算法以其简洁的理念而著称。具体而言，最简单的蒙特卡洛算法是通过将基于模型的策略评估步骤替换为无模型方法而得到的。这一简单的替代使得算法更加灵活，更适用于那些系统模型复杂或不可用的场景。

最初的蒙特卡洛算法是从模型导向的策略评估方法演变而来。然而，为了更好地适应实际问题，研究者们对这一最简单的算法进行了多方面的扩展。这些扩展使得蒙特卡洛算法能够更有效地利用采样，提高学习效率。

蒙特卡洛算法的无模型特性使其成为应对系统模型时复杂或无法获取的情景下学习最优策略的强大工具。在这些情况下，基于经验的学习成为实现强化学习目标的关键途径。

随着对蒙特卡洛算法不断深入地理解，可以期待更多创新性的扩展和改进。这将进一步推动强化学习领域的发展，使其更好地适应实际而复杂的问题，为无模型环境下的决策制定提供更多有力的工具。

蒙特卡洛方法使用均值估计（mean estimation）的思想是为了通过随机抽样的方式对某一概率分布进行数值估算。这种方法的关键在于，通过大量的随机样本，可以用样本均值来估计总体均值，从而更精确地接近期望值。实际上，强化学习中的蒙特卡洛方法在计算价值函数时本质上就是一种均值估计。

具体来说，对于蒙特卡洛方法在强化学习中的应用，经常面临对期望回报的估算问题。考虑一个随机变量 $X$，它代表了在某一状态下采取某一动作所获得的回报。想要计算的是这个随机变量的期望值，即 $E[X]$。由于通常无法直接得到概率分布，而只能通过样本进行估算，蒙特卡洛方法的样本估计思想就能够发挥作用。

通过抽取大量的样本，可以计算这些样本的样本均值。根据大数定律（law of large numbers），当样本数量趋于无穷大时，样本均值将收敛到真实期望值。因此，通过大量重复的随机采样，能够有效地估算出随机变量 $X$ 的期望值，从而在强化学习中进行状态值或动作值的估算和优化。

总的来说，均值估计的思想是智能体通过与环境的互动生成一系列样本轨迹，然后利用这些轨迹的回报的平均值来估算状态值和动作值。蒙特卡洛算法与基于模型的方法不同，因为是直接从经验中学习，而不需要对环境的动力学进行建模，该算法对于理解无模型强化学习的核心概念至关重要。

通过一个掷骰子的案例，可以更好地理解蒙特卡洛方法的均值估计思想。首先回顾期望的定义：

$$E[X] = \sum_i p_i\, x_i$$

骰子有六面，其中奇数面（1、3、5）的概率为 $\dfrac{1}{2}$，偶数面（2、4、6）的概率也为 $\dfrac{1}{2}$。奖励规则是当投掷的结果为奇数时得到 1 元，偶数时则支付 1 元。因此，如果直接利用期望值的定义计算：

$$E[X] = \frac{1}{2} \times 1 + \frac{1}{2} \times (-1) = 0$$

所以从长期来看，玩家的平均收益应该趋近于 0。

如果利用抽样计算均值，考虑从总体中抽取 $n$ 次观测样本，那么样本均值是：

$$E[X] \approx \overline{x} = \frac{1}{n}\sum_{i=1}^{n} x_i$$

在 Python 程序中进行了 5000 次抽样，在每次抽样中，随机选择一个数字（1 到 6），如果是奇数，则获得 1 元；如果是偶数，则失去 1 元。下面的程序给出这些抽样结果的累积平均值并绘制成图。

```python
import random
import matplotlib.pyplot as plt   # 导入库
# 在 jupyter notebook 中显示图形
%matplotlib inline

# 默认设置下 matplotlib 图片清晰度不够，可以将图设置成矢量格式
%config InlineBackend.figure_format = 'svg'

def simulate_dice_rolls(num_simulations):
    results = []
    for _ in range(num_simulations):
        dice_roll = random.randint(1, 6)
        if dice_roll in [1, 3, 5]:
            results.append(1)
        else:
            results.append(-1)
    return results

def calculate_running_mean(results):
    running_mean = [sum(results[:i + 1]) / (i + 1) for
i in range(len(results))]
    return running_mean

# 模拟 5000 次掷骰子
num_simulations = 5000
simulation_results = simulate_dice_rolls(num_
simulations)

# 计算均值
running_mean_values = calculate_running_
```

```
mean(simulation_results)

# 画图
plt.plot(range(1, num_simulations + 1), running_mean_
values)
plt.xlabel('Number of Simulations')
plt.ylabel('Mean')
plt.show()
```

结果如下图所示。

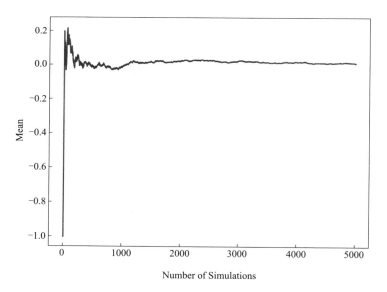

从图中可以看出，随着抽样次数的增加，累积平均值逐渐趋近于 0，这与理论上的期望值计算结果一致。这个结果展示了大数定律的效果，即随着样本数量的增加，样本的平均值趋向于期望值。在这个例子中，即使每次抽样的结果是随机的，但长期来看，平均收益将接近于 0，与大数定律描述相符。

当涉及大数定律时，通常假设有一组独立同分布的随机变量。

在这种情况下，每个随机变量都来自相同的概率分布，并且它们之间是相互独立的，即一个变量的取值不受其他变量的影响。

在大数定律中，常常使用样本均值来估计总体均值。对于抽样独立同分布（independent identically distributed，缩写为 iid）的随机变量序列 $X_1, X_2, \cdots X_n$，它们都来自同一分布，且相互独立。

在强化学习中，经常使用均值来定义状态值和动作值。具体而言，状态值 $v(s)$ 表示在状态 $s$ 下的期望回报，通常通过对该状态下所有可能轨迹的回报取均值来估计。行动值 $q(s, a)$ 表示在状态 $s$ 采取动作 $a$ 后的期望回报，也是通过对相应轨迹的回报取均值来估计。

在数学上，状态值和动作值的定义如下：

$$v(s) = E\Big[ G_t \mid S_t = s \Big]$$
$$q(s, a) = E\Big[ G_t \mid S_t = s, A_t = a \Big]$$

这些期望值的计算涉及对所有可能轨迹的回报进行平均，因此可以看作是使用均值的概念。在强化学习中，通过采样和不断更新估计值来逼近这些期望值，而大数定律则说明了随着采样次数的增加，这些估计值会越来越接近真实的期望值。

# 4.3　蒙特卡洛与强化学习

## 4.3.1　原理

从强化学习的视角来看，蒙特卡洛方法在处理决策过程中的不确定性和复杂性方面非常有价值。强化学习是一种学习策略，以最大化某种累积奖励为目标，它通过与环境的交互来学习如何实现这一目标。

在强化学习中，蒙特卡洛方法被广泛应用于求解值函数和策略优化问题。具体而言，可以使用蒙特卡洛方法来估计一个策略的价值函数，通过采样多个回合的方式来计算智能体在每个状态下的期望回报。这种方法可以避免对环境模型的依赖，但需要大量采样。此外，蒙特卡洛方法还可以用于策略优化，通过比较不同策略的期望回报来选择最优的策略。

蒙特卡洛学习算法可以通过在策略迭代算法中，特别是在前文提到的策略评估步骤中，采用无模型的方式取代基于模型的方法。在策略迭代算法中，有一个关键步骤是基于模型进行策略评估，即通过对环境模型进行推断来估算当前策略的价值。基于蒙特卡洛的强化学习算法则放弃了对环境模型的依赖。在这个过程中，智能体根据当前策略与环境互动，收集经验数据，然后利用这些数据来评估状态值和动作值，从而指导其决策过程。

策略迭代算法的两个主要步骤是策略评估和策略改进。在策略评估阶段，需要计算当前策略下的状态值。在基于模型的情况下，通常涉及利用贝尔曼方程求解动作价值，其依赖于对环境动态模型的详细了解。

也就是在

$$q_\pi(s, a) = \sum_{s', r} p(s', r \mid s, a)\left[r + \gamma v_\pi(s')\right]$$

中必须知道 $p(s', r \mid s, a)$，才能计算动作价值。通过使用蒙特卡洛估算，可以摆脱对环境模型的依赖，直接从与环境的交互中学习状态值。

回顾前文中的价值函数定义：

$$\begin{aligned}
q_\pi(s, a) &= E_\pi\left[G_t \mid S_t = s, A_t = a\right] \\
&= E_\pi\left[R_{t+1} + \gamma R_{t+2} + \gamma^2 R_{t+3} + \cdots \mid S_t = s, A_t = a\right]
\end{aligned}$$

动作值函数 $q_\pi(s, a)$ 的定义是从状态 $s$ 开始采取动作 $a$ 所能获得的回报的期望值。由于 $q_\pi(s, a)$ 是一个期望值，因此可以利用蒙特卡洛估计的方法近似计算行为值函数。

具体的方法是从状态 $s$ 和动作 $a$ 出发，智能体按照策略 $\pi$ 与环境进行交互，并获得多个回合（episodes），每个回合的回报是 $R_{t+1}+R_{t+2}+R_{t+3}+\cdots$ 的随机样本。假设有 $n$ 个回合，用 $g^{(i)}(s, a)$ 表示第 $i$ 个回合的回报 ❶，那么动作值函数 $q_\pi(s, a)$ 的均值可以近似表示为：

$$q_\pi(s, a) = E_\pi\left[G_t \mid S_t=s, A_t=a\right] \approx \frac{1}{n}\sum_{i=1}^{n} g^{(i)}(s, a)$$

当 $n$ 非常大时，可以逼近一个准确的数值。

蒙特卡洛方法通过直接估算动作值函数，而非先计算状态值，再基于系统模型计算动作值，为解决强化学习中的核心问题提供了一种创新的思路。在状态值无法直接用于改进策略的情况下，直接估算动作值成为更为合适的选择。这是因为状态值是所有动作值的平均，无法提供对具体动作的评估，进而无法用于策略改进。

然而，尽管蒙特卡洛方法简单易懂，但在实际应用中由于样本效率较低，需要大量实际交互。因此，在提高样本效率的同时，可以探索一些更复杂的改进的蒙特卡洛方法或结合其他学习方法以进一步优化决策过程。

蒙特卡洛方法作为策略迭代的一种变体，它是在策略迭代的框架下进行了一些改动，主要是将基于模型的部分替换成无须模型的采样方法。基于模型的策略迭代算法包含策略评估和策略改进两个关键步骤，而蒙特卡洛方法更注重通过采样从经验中直接学习。这种转变的优势在于对环境动态模型的依赖较小，使得算法更适用于现实世界中难以建模的情况。因此，尽管蒙特卡洛方法强调无模型学习，但实际上学习蒙特卡洛强化学习算法仍然要以基于模型的强化学习算法作为基础。

---

❶ $g^{(i)}(s, a)$ 相当于 $G_t$ 的一个采样。

蒙特卡洛方法直接估计动作值函数，表示在状态 $s$ 下采取动作 $a$ 的期望回报。这是通过从实际经验中采样得到的轨迹（状态、动作、回报序列）计算得来的。蒙特卡洛强化学习的核心思想是通过采样的方式来得到近似真实的期望回报。

在策略迭代中，一般会先估计状态值函数，表示在状态 $s$ 下从按照某策略 $\pi$ 开始执行，得到的期望回报。然后，通过状态值函数来计算动作值函数，即将状态值函数转换为动作值函数。这是通过状态值函数与动作值函数二者之间的关系来完成转换的。

策略评估：假设有一个 9 个格子的环境，每个格子都可以采取 5 种动作之一。这意味着总共有 45 个状态 - 动作对（9 个格 ×5 个动作）。在策略评估中，关心的是计算每个状态 - 动作对的动作值函数，因此需要找出 45 个 $q_\pi(s, a)$。假设从每一个 $s$ 和 $a$ 出发，都要有 $n$ 条轨迹用来求平均回报，那么则需要 $45 \times n$ 条轨迹。

策略改进：一旦有了动作价值函数就可以进行策略改进。在每个状态下，选择使得动作值函数最大化的动作，即贪婪动作，公式如下：

$$\pi(s) = \arg\max_a q_\pi(s, a)$$

对于每个状态，选择具有最高动作值的动作，这样就形成了新的策略。需要注意的是，上述的状态 - 动作对数量是在离散状态和动作空间的情况下。在连续状态和动作空间的情况下，状态 - 动作对是无穷多的，需要采用函数逼近等方法来处理。

蒙特卡洛方法主要是一类基于采样的强化学习方法，通过在环境中采样并使用这些样本数据进行学习。相对于传统的模型化方法，蒙特卡洛方法更加注重从实际经验中学习，而不依赖于环境模型。

然而，这种蒙特卡洛算法的不足之一就是低效，很难付诸实践。在强化学习中，为了更有效地利用样本，有一些"更高效使用样本"的方法。

假设按照某个策略 $\pi$ 进行采样，得到一个样本序列，其中包含了状态 - 动作对的访问，如下所示：

$$s_1 \xrightarrow{a_2} s_4 \xrightarrow{a_1} s_1 \xrightarrow{a_4} s_2 \xrightarrow{a_2} s_1 \xrightarrow{a_2} s_6 \xrightarrow{a_1} s_5 \xrightarrow{a_3} \cdots$$

根据被访问状态 - 动作对的参与形式，可以分为如下两种方式：

• 首次访问策略（first-visit strategy）：只关注每个状态 - 动作对在回合中第一次出现时的估计，而忽略后续的重复访问。比如说在上述的回合中 $(s_1, a_2)$ 最初已经出现并估计了动作值，那么后面再次出现的 $(s_1, a_2)$ 就不再用来估计动作值。

• 每次访问策略（every-visit strategy）：每次状态 - 动作对的访问都被用来更新其对应的动作价值估计。因此即使一个状态 - 动作对在序列中被多次访问，每次访问都会对最终的估计产生影响。

在基于蒙特卡洛的强化学习中，何时更新策略是一个至关重要的问题，而在这个问题上有两种主要的方法，分别是批量更新策略和逐步更新策略。

• 批量更新策略：在这种方法中，在策略评估步骤中，智能体收集从一个特定状态 - 动作对开始的所有回合。然后，通过使用这些回合的平均回报来近似动作值。具体来说，通过计算所有回合的平均回报，来估计在每个状态 - 动作对下的值。然后，根据这些估计值进行策略的更新。

尽管批量更新策略可以提供对动作值的较准确估计，但它有一个明显的问题，即智能体必须等待，直到所有回合都被收集完毕，然后才能进行策略的更新。这可能导致较长的等待时间，尤其是在需要大量回合的情况下。

· 逐步更新策略：与批量更新相对，逐步更新策略采用了一种更加灵活的策略更新机制。在这种方法中，使用单个回合的回报来逐步近似动作值。也就是说，在每个轨迹结束后，可以根据该轨迹的回报来更新策略。

逐步更新策略允许在每个轨迹结束后立即开始策略改进，而无须等待所有轨迹完成。尽管单个轨迹的回报可能不能完全准确地近似相应的动作值，但在实际应用中，这种逐步更新策略的方法被证明是非常有效的，它的灵活性使得智能体能够在学习过程中更加实时地适应环境和改进策略。

在强化学习中，探索初值假定是一种理论上的要求，即智能体在每个状态 - 动作对开始的回合中都需要进行充分的探索。这假定的目标是确保每个状态的每个动作值都经过足够的探索，以便智能体能够准确选择最优的动作。然而，实际应用中，尤其是涉及与环境进行物理交互的情况下，完全满足理论上的完美探索要求可能面临很大挑战，因为收集所有状态 - 动作对的回合可能非常困难。

为了应对这一问题，引入了软策略（soft policy）的概念。软策略允许智能体在探索中具有一定的随机性，而不是强制性地选择每个动作。这使得在实践中，即使在某些状态 - 动作对上的回合中探索不充分，软策略也可以提供一定的灵活性，使得学习过程更加实用。

具体而言，软策略的引入意味着在选择动作时存在一定的概率，而不是采取确定性的行动。这样即使在初始时刻，每个动作都有可能被选择，而不需要等到所有状态 - 动作对的回合都被收集完毕。软策略允许学习过程更灵活，更适应实际应用中的复杂环境和难以获取完整数据的情况。

$\varepsilon$- 贪婪策略（$\varepsilon$-greedy strategy）就属于软策略的一种常用方

式。对于每个状态都有采取任何动作的正概率，但更有可能采取贪婪动作，即具有最大动作值的动作。具体而言，假设 $\epsilon \in [0,1]$，$\varepsilon$- 贪婪策略的形式为：

$$\pi(a|s) = \begin{cases} 1 - \dfrac{\varepsilon}{|A(s)|}(|A(s)|-1), & \text{贪婪策略下的行动} \\[3mm] \dfrac{\varepsilon}{|A(s)|}, & \text{其他行动} \end{cases}$$

式中，$|A(s)|$ 表示与状态 $s$ 相关联的动作数量。采取贪婪动作的概率始终大于采取任何其他动作的概率，当 $\varepsilon = 0$ 时，$\varepsilon$- 贪婪策略变为贪婪策略。

通过使用 $\varepsilon$- 贪婪策略，还可以进行探索（exploration）与利用（exploitation）之间的平衡。探索与利用是强化学习中的核心问题，它关乎如何在未知的环境中做出决策。这一问题可以被视为一个决策者在尝试新事物（探索）与坚持已知的最佳选择（利用）之间的权衡。

• 探索是指在强化学习中，智能体需要不断地尝试新的动作，以便获取更多关于环境的信息。这是因为在很多情况下，智能体一开始并不知道哪些动作会带来最大的回报。通过探索，智能体可以发现可能更高效的新的策略，或者更深入地了解环境的动态。

• 利用是指当智能体已经学到了一些有效的策略时，它可能希望尽可能地使用这些策略，以获得最大的即时回报，这就是所谓的利用。在这个阶段，智能体会重复执行已知的高回报的动作，而不是随机地尝试新的动作。

在实际应用中，过度探索可能导致智能体浪费太多时间在低效的策略上，而过度利用则可能导致智能体错过更好的未被发现的策略。因此，如何在探索和利用之间找到一个平衡点，以确保智能体能够在长期内获得最大的总回报，是强化学习中的关键挑战。

上述的 $\varepsilon$-贪婪策略，当 $\varepsilon$ 的值接近 0 时，智能体倾向于选择当前认为最优的动作，即贪婪选择，以最大化当前已知信息的利用。这减少了探索，更专注于已知策略的利用，有助于在相对短期内获得较高的奖励。

当 $\varepsilon$ 的值接近 1 时，智能体倾向于以均匀分布的概率随机选择动作，即随机探索。这增加了对未知领域的探索，有助于发现新的潜在优势动作，但可能降低在已知信息上的利用效率。

$\varepsilon$-贪婪策略是一种简单而有效的实现方式，易于理解和实施。通过调整 $\varepsilon$ 的值，可以在探索和利用之间找到适当的权衡，以满足具体问题的需求。

多臂赌博机（multi-armed bandit）问题是概率论和机器学习领域中的一个经典问题。它的核心问题是如何在不确定性下做出决策，以期最大化长期收益。下面是对该问题的详细扩展。

多臂赌博机问题的名称来源于其经典场景：一个赌徒站在多台老虎机前，每台老虎机都是一个"臂"，每次拉动都可能给出奖励。但是，每台老虎机的奖励分布都是未知的，因此赌徒需要决定如何分配他的游戏次数，以期望获得最大的总奖励。

这就涉及一个核心权衡：是继续玩奖励已知的老虎机（即"利用"），还是尝试其他可能奖励更高但未知的老虎机（即"探索"）。

1952 年，赫伯特·罗宾斯（Herbert Robbins）认识到了这个问题的重要性，构建了收敛的选择策略解决它 ❶。

如果智能体只选择"已知最佳"老虎机来拉动，那么可能会

---

❶ Robbins H. Some Aspects of the Sequential Design of Experiments. Bulletin of the American Mathematical Society. 1952, 58 (5): 527–535.

错过其他潜在的更好的老虎机，这种策略称为纯利用（exploitation-only）。如果智能体只探索其他老虎机，那么可能会浪费时间和资源，无法获得最大的长期回报，这种策略称为纯探索（exploration-only）。

为了解决探索与利用之间的平衡问题，研究者们提出了各种算法和策略，其中，$\varepsilon$-贪婪策略是一种简单而有效的策略，它以 $\varepsilon$ 的概率选择随机老虎机进行探索，以 $1-\varepsilon$ 的概率选择已知最佳老虎机进行利用。这种策略可以保证探索和利用之间的平衡，并且在逐渐减小 $\varepsilon$ 的过程中，最终会收敛到最优策略。

具体来说，$\varepsilon$-贪心策略可以描述如下：

① 设定一个参数 $\varepsilon$，通常在 0 和 1 之间，表示随机探索的概率。

② 在每次决策点上，生成 0 到 1 之间的随机数。

③ 如果生成的随机数小于 $\varepsilon$，选择一个随机操作，以便探索（即以概率 $\varepsilon$ 随机选择。注意此时贪婪操作仍有可能被随机选择到）。

④ 如果生成的随机数大于等于 $\varepsilon$，选择当前已知最佳操作，以最大化累积奖励（即以概率 $1-\varepsilon$ 选择贪婪操作）。

例如，假设有 3 个老虎机，智能体选择 $\varepsilon = 0.2$ 的 $\varepsilon$-贪心策略进行探索和利用。在前 5 次拉动中，智能体选择了第 2、1、2、2、3 个老虎机，并获得了 1、2、0、3、4 的奖励。在这种情况下，智能体会继续利用已知最佳老虎机（第 3 个老虎机），因为在前 5 次拉动中，第 3 个老虎机获得的奖励最高。在下一次拉动之前，智能体会以 20% 的概率选择随机老虎机进行探索，以 80% 的概率选择第 3 个老虎机进行利用。

下面是一个简单的 Python 代码来模拟这个案例：

```python
import random

# 初始化老虎机的次数和总奖励
pull_count = [0, 0, 0]
```

```
total_rewards = [0, 0, 0]

# 前 5 次拉动
actions = [2, 1, 2, 2, 3]
rewards = [1, 2, 0, 3, 4]

for i in range(len(actions)):
    action = actions[i] - 1  # 因为 Python 的索引从 0 开始
    reward = rewards[i]

    # 更新老虎机的奖励和次数
    pull_count[action] += 1
    total_rewards[action] += reward

# 计算每个老虎机的平均奖励
average_rewards = [total_rewards[i] / pull_count[i] if
pull_count[i] != 0 else 0 for i in range(3)]

# ε- 贪心策略
epsilon = 0.2
if random.uniform(0, 1) < epsilon:
    # 探索：随机选择一个老虎机
    next_action = random.choice([1, 2, 3])
else:
    # 利用：选择平均奖励最高的老虎机
    next_action = average_rewards.index(max(average_
rewards)) + 1

print(f" 下一次拉动选择的老虎机是：{next_action}")
```

结果显示：

```
下一次拉动选择的老虎机是：3
```

在强化学习中，对观察到的回报序列求平均值是一种常见的估计方法，尤其是用于计算状态价值和状态 - 动作价值 $q(s_t, a_t)$ 的 $t-1$ 次以后的估计。通常情况下，会保存回报序列，并在一定时间间隔后对其进行平均，如下面的公式所示：

$$q(s_t, a_t) = \frac{G_1 + G_2 + \cdots + G_{t-1}}{t-1}$$

这种方法可能会导致存储需求较大且计算烦琐。

为了提高效率，有一种更加高效的计算方法，它能够省去保存整个回报序列的步骤，从而简化均值的计算过程，令：

$$q_{t+1} = \frac{1}{t}\sum_{i=1}^{t} G_i$$

则有 ❶：

$$q_{t+1} = q_t + \frac{1}{t}(G_t - q_t)$$

这个公式表示：

$t+1$ 期估计值 $=t$ 期估计值 + 步长 ×（目标值 − 旧估计值）

其步长被用来控制更新的速度，使得估计值逐渐收敛到真实值。

## 4.3.2　环境：21 点

21 点是一种常见的纸牌游戏，简单的动作空间和状态空间使其成为强化学习的基本环境之一。游戏开始时，庄家会为每名玩家发一明一暗两张牌，玩家可以自行决定要牌 (HIT) 和停牌 (STICK)，点数之和超过庄家即可获胜。然而，点数之和超过 21

---

❶ $q_{t+1} = \frac{1}{t}\left(G_t + \sum_{i=1}^{t-1} G_i\right) = \frac{1}{t}\left[G_t + (t-1)\frac{1}{t-1}\sum_{i=1}^{t-1} G_i\right] = \frac{1}{t}\left[G_t + (t-1)q_t\right]$

点则会输掉游戏。停止请求牌后，庄家翻开扣着的牌，并抽牌，直到所有点数之和是 17 点或大于 17 点后，和玩家进行比较，谁的点数更靠近 21，谁获胜；如果庄家自爆，玩家获胜；若两方点数相同，则为平局。具体点数计算规则如下：

- 2 到 10 的点数就是其牌面的数字；

- J、Q、K 三种牌均记为 10 点；

- 玩家 A(Ace 牌) 可以当作 1 点，也可以当作 11 点，11 点时称为 "可用"；庄家 A 只能当作 1 点。

因此，可以将游戏形式化为 MDP。状态 $s$ 由一个三元组定义，分别是玩家当前点数之和 $\in \{0, \cdots, 31\}$，庄家朝上的牌点数之和 $\in \{0, 10\}$，玩家是否使用 Ace 牌 $\in \{True, False\}$。动作空间只有两种选择：$\{0, 1\}$，分别表示停牌 (STICK) 和要牌 (HIT)。在每个对局中，玩家赢牌获得奖励 +1，庄家赢牌获得奖励 -1，平局获得奖励 0。

当玩家点数之和小于 12 时，无须选择策略，此时必然选择"要牌"，因此，此时点数不足以超过 21 点，玩家点数需要考虑的范围是 12 到 21，庄家则是 1 到 10。

## 4.3.3　代码

在 Blackjack-v1 环境中利用蒙特卡洛方法训练抽牌/停牌策略。

```python
import gym

env = gym.make('Blackjack-v1')

def generate_episode_from_Q(env, Q, epsilon, nA):
    """ 根据 epsilon-greedy 策略生成一个回合 """
    episode = []
    state = env.reset()
```

```python
        while True:
            action = np.random.choice(np.arange(nA), p=get_
probs(Q[state], epsilon, nA)) \
                                        if state in Q
else env.action_space.sample()
            next_state, reward, done, info = env.step(action)
            episode.append((state, action, reward))
            state = next_state
            if done:
                break
        return episode

def get_probs(Q_s, epsilon, nA):
    """ 获取 epsilon-greedy 策略下的动作概率 """
    policy_s = np.ones(nA) * epsilon / nA
    best_a = np.argmax(Q_s)
    policy_s[best_a] = 1 - epsilon + (epsilon / nA)
    return policy_s

def update_Q_GLIE(env, episode, Q, N, gamma):
    """ 使用最近的回合更新动作值函数估计 """
    states, actions, rewards = zip(*episode)
    # 准备进行折扣计算
    discounts = np.array([gamma**i for i in
range(len(rewards)+1)])
    for i, state in enumerate(states):
        old_Q = Q[state][actions[i]]
        old_N = N[state][actions[i]]
        Q[state][actions[i]] = old_Q +
(sum(rewards[i:]*discounts[:-(1+i)]) - old_Q)/(old_N+1)
        N[state][actions[i]] += 1
    return Q, N
```

```python
def mc_control_GLIE(env, num_episodes, gamma=1.0):
    # 主函数
    nA = env.action_space.n
    # 初始化空字典数组
    Q = defaultdict(lambda: np.zeros(nA))
    N = defaultdict(lambda: np.zeros(nA))
    # 循环进行回合
    for i_episode in range(1, num_episodes+1):
        # 监测进度
        if i_episode % 1000 == 0:
            print("\rEpisode {}/{}.".format(i_
episode, num_episodes), end="")
            sys.stdout.flush()
        # 设置 epsilon 的值
        epsilon = 1.0/((i_episode/8000)+1)
        # 通过遵循 epsilon-greedy 策略生成一个回合
        episode = generate_episode_from_Q(env, Q,
epsilon, nA)
        # 使用回合来更新动作值函数估计
        Q, N = update_Q_GLIE(env, episode, Q, N,
gamma)
    # 确定与最终动作值函数估计相对应的策略
    policy = dict((k,np.argmax(v)) for k, v in
Q.items())
    return policy, Q

policy_glie, Q_glie = mc_control_GLIE(env, 500000)

def plot_policy(policy):

    def get_Z(x, y, usable_ace):
        if (x,y,usable_ace) in policy:
            return policy[x,y,usable_ace]
```

```
        else:
            return 1

    def get_figure(usable_ace, ax):
        x_range = np.arange(11, 22)
        y_range = np.arange(10, 0, -1)
        X, Y = np.meshgrid(x_range, y_range)
        Z = np.array([[get_Z(x,y,usable_ace) for x in
x_range] for y in y_range])
        surf = ax.imshow(Z, cmap=plt.get_
cmap('Pastel2', 2), vmin=0, vmax=1, extent=[10.5, 21.5,
0.5, 10.5])
        plt.xticks(x_range)
        plt.yticks(y_range)
        plt.gca().invert_yaxis()
        ax.set_xlabel('Player\'s Current Sum')
        ax.set_ylabel('Dealer\'s Showing Card')
        ax.grid(color='w', linestyle='-',
linewidth=1)
        divider = make_axes_locatable(ax)
        cax = divider.append_axes("right", size="5%",
pad=0.1)
        cbar = plt.colorbar(surf, ticks=[0,1],
cax=cax)
        cbar.ax.set_yticklabels(['0 (STICK)','1
(HIT)'])


    fig = plt.figure(figsize=(15, 15))
    ax = fig.add_subplot(121)
    ax.set_title('Usable Ace')
    get_figure(True, ax)
    ax = fig.add_subplot(122)
```

```
ax.set_title('No Usable Ace')
get_figure(False, ax)
plt.show()
```

最终得到的策略如下：

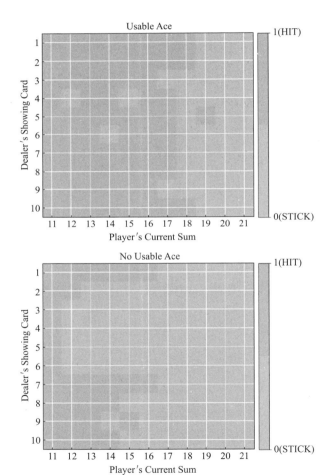

强化学习：人工智能如何知错能改

第 **5** 章

# 时序差分

# 5.1 时序差分

## 5.1.1 时序差分基础

前文中已经介绍了基于蒙特卡洛思想的无模型强化学习算法，下面引入另一种无模型的强化学习算法——时序差分（temporal difference，简称 TD）算法。时序差分在强化学习领域是一种非常核心且创新的方法。

时序差分学习是基于当前对价值函数的估计进行自举（bootstrapping）学习。自举是强化学习中一个很重要的概念，它涉及在估计一个状态或者动作的价值时使用已有的估计值。

在强化学习中，自举法意味着通过一些估计值而不是准确值来更新价值。这一概念在动态规划和时序差分学习等方法中得到广泛应用。具体而言，自举法允许智能体根据当前对未来情况的估计来调整其策略或值函数，而不必等待准确的外部反馈。这提高了学习的效率，使得智能体能够更灵活地适应环境的变化。

时序差分方法从环境中采样，类似于蒙特卡洛方法，都是利用经验根据当前估计进行更新，从而解决预测问题，但与蒙特卡洛方法等待完整轨迹结束后的最终结果可知时的估计不同，时序差分方法在最终结果可知之前，都可以调整估计。

时序差分学习结合了蒙特卡洛方法和动态规划算法的优点，它可以根据当前状态的奖励和下一个状态的价值估计，通过迭代更新当前状态的价值估计。同时，时序差分学习也可以根据贝尔曼方程的思想，利用后续状态的价值估计来更新当前状态的价值估计，实现对状态价值的逐步优化。

这种实时的更新使得时序差分学习算法具有更高的效率和灵活性。它可以根据每一步的奖励和下一个状态的估计值，即时地调整当前状态的价值估计，逐步优化策略。该算法的基本思想是通过即时更新当前状态的值估计，结合下一个状态的估值，来估计在当前状态能够获得的回报。

时序差分和蒙特卡洛方法都利用经验来解决预测问题，通过与环境的交互来更新对状态值的估计。这种更新方式也称为样本更新（sample updates），因为它们涉及通过采样提前查看样本的后继状态或状态 - 动作对，然后使用后继者的价值和当前得到的奖励来计算回溯值，然后相应地更新原始状态或状态 - 动作对的价值，它的计算是取决于采样得到的后面单个节点的样本数据。

实际上，蒙特卡洛法与时序差分法的更新方法是相似的，更新方式如下：

$$v(s_t) \leftarrow v(s_t) + \alpha[\text{目标值} - v(s_t)]$$

具体来说，蒙特卡洛法等到访问结束后的回报已知，然后将该回报用作状态值估计的目标。蒙特卡洛法对价值函数的增量更新方式如下：

$$v(s_t) \leftarrow v(s_t) + \alpha[G_t - v(s_t)]$$

而时序差分法只需要等到下一时刻就可以进行价值函数的更新：

$$v(s_t) \leftarrow v(s_t) + \alpha[r_{t+1} + \gamma v(s_{t+1}) - v(s_t)]$$

也就是说，蒙特卡洛算法的更新目标值是 $G_t$，而时序差分算法的更新目标值是 $r_{t+1} + \gamma v(s_{t+1})$。

时序差分算法使用一个 TD 误差（temporal-difference error）来衡量当前估计值与下一个状态的估值之间的差异。TD 误差（通常记为 $\delta_t$）在时刻 $t$ 的定义如下：

$$\delta_t = r_{t+1} + \gamma v(s_{t+1}) - v(s_t)$$

式中，$r_{t+1}$ 是在时刻 $t$ 获得的奖励；$\gamma$ 是折扣因子，表示未来奖励的重要性；$v(s_{t+1})$ 是下一个状态的值估计；$r_{t+1}+\gamma v(s_{t+1})$ 是当前状态的值估计，被称为 TD 目标（TD target）。

TD 误差表示了实际获得的奖励与当前状态值估计以及下一个状态值估计之间的差异。这个误差用于即时地更新当前状态的值估计。具体更新公式如下：

$$v_{t+1}(s_t) = v_t(s_t)+a\{[r_{t+1}+\gamma v_t(s_{t+1})]-v_t(s_t)\}$$

式中，$a$ 是学习速率，控制每次更新的步长。

时序差分算法更新过程表明，通过不断地根据当前获得的奖励和下一个状态的估值调整当前状态的值估计，从而逐步优化对环境的值函数估计。

在强化学习中，当智能体达到终止状态时，该状态之后的所有状态和动作对的 $Q$ 值（即状态 - 动作值函数）通常被视为 0。这种处理方法有助于简化学习过程，并反映了在到达终止状态后不再有任何奖励或惩罚的实际情况。

总的来说，时序差分算法的特点在于它结合了即时更新和下一个状态的估值，以估计在当前状态能够获得的回报，使得学习过程更加灵活和实时。

需要注意的是，时序差分学习算法在初始阶段的估计可能会较不准确，因为它是基于当前估计值进行更新的。但随着不断地学习和更新，它可以逐渐收敛到真实的价值函数。这使得时序差分学习算法可以在实时环境中进行增量式学习，适用于在线学习和连续决策的场景。然而，蒙特卡洛方法则需要等待多次采样完成后才能进行一次更新，因此在计算效率和实时性方面相对较低。

TD($\lambda$) 方法是一种使用资格迹（eligibility traces）的强化学习方法，用于估计值函数。在 TD($\lambda$) 中，资格追溯的参数 $\lambda$ 介于 0 和 1

之间，这个参数决定了过去经验对当前值函数更新的影响程度。$\lambda$ 越接近 1，过去经验的影响就越大，而越接近 0，影响就越小。

具体来说，TD($\lambda$) 使用了资格追溯来跟踪状态或状态 - 动作对的访问情况。资格追溯是一种分配给状态或状态 - 动作对的权重，表示它们对值函数更新的"资格"或"符合的条件"。在每一步的更新中，TD($\lambda$) 算法考虑了从当前状态开始的所有过去的状态，并相应地更新值函数。这使得算法能够更全面地利用过去经验，而不仅仅关注当前状态。

具体而言，TD($\lambda$) 的资格迹对之前的状态或动作进行加权累积，权重由参数 $\lambda$ 控制，$\lambda$ 取值在 0 到 1 之间：

• 当 $\lambda$ 介于 0 和 1 之间时，TD($\lambda$) 的更新规则会在当前状态和过去状态之间进行权衡，平衡了短期和长期的影响。$\lambda$ 的选择取决于任务的性质以及对实时性和长期回报的重视程度。

• 当 $\lambda = 0$ 时，资格迹仅对当前状态或动作进行更新，类似于单步 TD。

• 当 $\lambda = 1$ 时，资格迹对所有之前的状态或动作都进行累积，类似于蒙特卡洛方法。

对于 $n$ 步 TD($\lambda$) 方法的回溯树，图 5-1 中的每一个白色圆圈代表一个状态，每一个黑色圆圈代表一个动作。在这个无穷多步的 TD($\lambda$) 中，最后一个状态就是它的终止状态。

TD($\lambda$) 的更新规则结合了动态规划和蒙特卡洛的特点，允许在考虑长期影响的同时，更及时地更新值函数。

这种方法在处理实时性要求较高的问题时表现出色，同时也能够处理具有长期依赖关系的情况。总体而言，TD($\lambda$) 提供了一种平衡动态规划和蒙特卡洛方法之间权衡的方式，使其成为强化学习领域中一个灵活而有效的算法。

单步 TD 方法是强化学习中的一种时序差分（TD）学习算法，

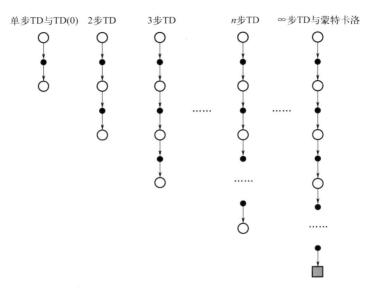

图 5-1　TD 方法

它用于估计值函数的更新。与动态规划方法不同，单步 TD 方法不需要等待完整轨迹的结束，而是在每个时间步都进行值函数的更新。

在单步 TD 中，更新的目标是当前时刻的奖励加上下一时刻的折扣估计值，与当前时刻的估计值之差。更新规则是基于当前时刻的估计值与实际观察到的奖励和下一时刻的估计值之间的差异，通过学习率进行调整。单步 TD 方法的主要优点是它可以在每一步都进行学习更新，适用于实时性要求高的场景。

$n$ 步 TD 方法是一种强化学习中的时序差分（TD）学习算法，它扩展了单步 TD 方法，考虑了多个未来时刻的奖励。

考虑 $n$ 步后的收益：

$$G_{t:t+n} = r_{t+1} + \gamma r_{t+2} + \cdots + \gamma^{n-1} r_{t+n} + \gamma^n v_{t+n-1}(s_{t+n})$$

在 $n$ 步 TD 中，更新的目标是当前时刻的奖励加上接下来 $n$

步的奖励和估计值，与当前时刻的估计值之差。数学上，可以用以下的更新规则表示：

$$v(s_t) \leftarrow v(s_t) + \alpha[G_{t:t+n} - v(s_t)]$$

这个更新规则是基于当前时刻的估计值与未来一段时间内实际观察到的奖励和估计值之间的差异。需要等到未来 $n$ 步的奖励以及状态值的估计等信息都收集完毕后才能计算得到。在算法的初始阶段，前 $n$ 步的返回值是不可用的，因此在这段时间内，算法不会对值函数进行更新。

选择合适的 $n$ 值可以在考虑未来奖励的情况下保持算法的计算效率。$n$ 步 TD 方法是在平衡单步 TD 和蒙特卡洛方法之间的一种方法，它在一定程度上平衡了实时性和长期回报的考虑。

在强化学习中，在线策略（on-policy）与离线策略（off-policy）和在线学习（online learning）与离线学习（offline learning）分别代表着两对不同的概念。通常初学者最初看到这些概念时容易将它们混淆。

在了解这些概念之前，先对行为策略（behavior policy）和目标策略（target policy）这两个关键的概念进行简单的说明，行为策略和目标策略在定义智能体如何在环境中采取行动方面发挥着重要作用。

• 行为策略是指智能体在给定状态下选择行动的方法。这种策略可以是确定性的，也可以是随机的。在确定性行为策略下，智能体在特定状态下会选择一种特定的行动。而在随机行为策略下，智能体在给定状态下选择每个行动的概率是随机的。例如，对于一个机器人导航问题，确定性的行为策略可能是根据预定规则选择下一步的行动，而随机的行为策略可能会以一定的概率随机选择下一步的行动。

• 目标策略是智能体在训练过程中希望学习到的最优行动策略。这个策略是在训练过程中用于确定每个状态下应该选择的行动方式。通常情况下，目标策略的选择是通过评估当前状态下所有可能行动的价值函数来进行的。目标策略的目标是获得最大的长期累积奖励，即使在训练过程中可能需要探索一些未知的状态和行动对。

在强化学习中，通常智能体会使用一个行为策略来与环境进行交互，收集经验数据，然后利用这些数据来优化目标策略，使其逐渐接近最优策略。行为策略和目标策略的差异在于训练过程中它们可能会不一致，智能体需要通过学习来弥合它们之间的差距。

在线策略指的是学习和行为使用相同策略的强化学习方法。在线策略中学习策略和行动策略是一致的，即智能体根据它正在学习和改进的同一策略来做出决策。每次状态转移后，状态价值的更新直接影响决策策略。随着学习的进行，策略不断改进。后文中即将介绍的 Sarsa 算法是在线策略法的一个典型例子。

离线策略是指学习策略和行动策略不一致的强化学习方法，学习过程中使用的策略（目标策略）与实际交互式采样过程中使用的策略（行动策略）是不同的。离线策略法允许智能体从其他策略或以前的经验中学习，这增加了学习过程的灵活性。后文中出现的 Q-Learning 是离线策略算法的一个代表性例子。在 Q-Learning 中，智能体根据贪婪策略更新 Q 值，但行动策略可能不是贪婪的。

在线学习是指智能体在与环境交互的过程中实时学习的方式，这种学习方式依赖于智能体与环境的即时交互。智能体根据与环境的实时交互来学习，反馈立即可用，适合于环境频繁变化或需要实时决策的情境。

离线学习是指智能体从已收集的数据集，通常是在历史数据中学习，而不是通过与环境实时交互学习。离线学习基于已经收集好的数据，不依赖实时环境反馈，适合于环境相对稳定，或者无法直接进行实时交互的场景。

在线策略与离线策略的区别主要在于策略的一致性，即是否使用同一个策略进行学习和采样。在线学习与离线学习的区别在于数据的实时性和交互性，即是否依赖实时环境反馈进行学习。

时序差分（TD）算法相比蒙特卡洛（MC）方法更适用于需要实时更新和逐步优化的情况，而蒙特卡洛方法更适用于需要进行批量学习和完整序列采样的情况。它们的关键区别体现在：

① 在线 vs. 离线

- TD 适用于在线学习，能够实时更新。
- MC 适用于离线学习，需要等待整个轨迹结束。

② 任务类型

- TD 可处理有回合任务（episodic task）和持续任务（continuing task）的情况。
- MC 适用于处理有限步骤后终止的回合任务的情况。

③ 依赖性

- TD 依赖先前的估计结果，进行自举法更新。
- MC 不进行自举，直接估计状态 / 动作值。

④ 估计方差

- TD 估计方差较低，涉及较少随机变量。
- MC 估计方差相对较高，涉及多个状态转移的折扣回报。

因此，具体选择使用哪种方法取决于具体的应用需求和环境特点。

⑤ 估计偏差

- TD 是有偏的。由于 TD 方法依赖当前的估计值进行更新，而当前的估计值本身可能存在误差，这会引入偏差。
- MC 是无偏的。MC 方法直接使用完整回报进行更新，因此在无穷多次采样的情况下，其估计值是无偏的。

## 5.1.2 环境：悬崖漫步

CliffWalking-v0 是 OpenAI Gym 提供的一个经典强化学习环境，用于展示强化学习算法在悬崖行走问题上的应用，如图 5-2 所示。

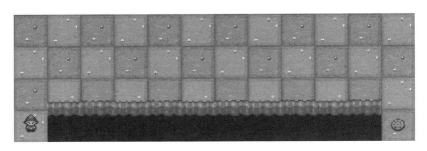

图 5-2　CliffWalking-v0 环境

如图 5-2 所示，在 CliffWalking-v0 环境中，智能体位于一个矩形网格世界上方的起始位置，目标是找到一条安全路径，从起点移动到终点。然而，在智能体的动作空间下方，有一个悬崖区域，智能体如果掉入悬崖，则会受到极大的负面奖励。因此，智能体需要避免走向悬崖区域，以最小化负面奖励并找到安全路径。下面是对 CliffWalking-v0 环境的详细说明。

该环境是一个 4×12 的矩阵，观测空间为 48。使用 NumPy 矩阵索引表示如下：

- [3, 0] 是起点，位于左下角；
- [3, 11] 是终点，位于右下角；
- [3, 1] 至 [3,10] 是悬崖，位于底部中央。

如果智能体踩到悬崖，它将返回起点。当智能体到达终点时，一个回合结束。实际上，观测共有 3×12+1 种可能的状态，因为智能体不能处于悬崖上，也不能处于终点上（这会导致回合结束）。

每个时间步产生 −1 的奖励，踩到悬崖会产生 −100 的奖励。

智能体有如下四种离散的动作：

- 0：向上移动
- 1：向右移动
- 2：向下移动
- 3：向左移动

```python
import gym
import numpy as np
env = gym.make('CliffWalking-v0')   # 地图
print(env.observation_space)        # 观测空间
print(env.action_space)             # 动作空间
print(env.observation_space.n)      # 给出可能的状态的总数
print(env.action_space.n)           # 给出可能的动作的总数
```

结果显示：

```
Discrete(48)
Discrete(4)
48
4
```

如果想查看初始化环境的状态，可以通过以下代码实现：

```python
state = env.reset()   # 初始化环境
print(f" 初始状态：{state}")
```

结果显示：

```
初始状态: (36, {'prob': 1})
```

初始状态 (36, {'prob': 1}) 的概率为 1，意味着在每个回合开始时，智能体以 100% 的概率开始于状态 36。这是一个确定性的初始状态，智能体每次回合开始时都会处于状态 36。

## 5.2 Sarsa 算法

### 5.2.1 原理

Sarsa 算法是一种基于时序差分的强化学习算法，用于估计动作价值函数而非状态价值函数 ❶。Sarsa 算法需要知道当前状态（state）、当前动作（action）、奖励（reward）、下一步状态（state）、下一步动作（action）等这些五元组（$s_t$, $a_t$, $r_{t+1}$, $s_{t+1}$, $a_{t+1}$）的值，因此，Sarsa 是"状态 - 动作 - 奖励 - 状态 - 动作"（state-action-reward-state-action）的缩写。当 $s_t$ 是终止状态时，下一个状态 - 动作对的 $Q$ 值为 0。

可以通过将时序差分算法中的状态价值估计 $v(s)$ 替换为动作价值估计 $q(s, a)$ 来得到 Sarsa 算法。因此，Sarsa 实际上是时序差分算法的动作价值版本。Sarsa 算法的更新规则如下：

$$q(s_t, a_t) \leftarrow q(s_t, a_t) + a[r_{t+1} + \gamma q(s_{t+1}, a_{t+1}) - q(s_t, a_t)]$$

初始时，动作价值函数的值通常会被随机初始化或设置为零。然后，通过与环境交互，观察状态、采取动作、获得奖励和转移到下一个状态的过程，可以使用时序差分算法来更新值的估计。

Sarsa 算法可以有不同的变体，其中包括单步 Sarsa 和 $n$ 步 Sarsa。这些变体在处理时间范围和更新状态 - 动作对的价值方面有所不同。与单步 Sarsa 不同，$n$ 步 Sarsa 在进行价值更新时考虑未来的 $n$ 步。在这种情况下，状态 - 动作对的价值估计是基于当前步骤和接下来的 $n-1$ 步骤的累积回报。这种方法可以看作是在单步更新和整个回合更新之间的一种折中。

---

❶ Rummery G A, Niranjan M. On-line Q-learning Using Connectionist Systems. Technical Report, 1994.

$n$ 步时序差分算法在权衡了偏差和方差的基础上，提供了更加稳定和准确的估计。这种方法在实践中通常能够更好地平衡在强化学习任务中的探索和利用的需求，使得算法更具鲁棒性。

在 $n$ 步 Sarsa 中，当一个状态 - 动作对被访问时，它的价值更新不会立即发生。相反，算法会先前进 $n$ 步，然后再回过头来更新 $n$ 步之前的状态 - 动作对的价值。这样做的好处是可以在更新时考虑到更多的未来信息，可能导致更稳定和准确的价值估计。

在 $n$ 步 Sarsa 中，选择 $n$ 的大小对算法的效果有重要影响。较小的 $n$ 值（如 1）接近于单步 Sarsa，而较大的 $n$ 值则让算法接近于蒙特卡洛方法。在实际应用中，$n$ 的选择通常需要根据特定问题和计算资源进行权衡。

实际上，Sarsa 算法和蒙特卡洛算法是多步时序差分算法的两个极端情况，根据

$$q_\pi(s, a) = E[G_t^{(i)} \mid S_t = s, A_t = a]$$

式中，$G_t^{(i)} = R_{t+1} + \gamma R_{t+2} + \cdots + \gamma^i q_\pi(S_{t+i}, A_{t+i})$, $i \geq 1$。可以看到，当 $i = 1$ 时，此时为前文中介绍的 Sarsa 算法；当 $i = n$ 时为 $n$ 步 Sarsa 算法；当 $i \to \infty$ 时为蒙特卡洛算法。蒙特卡洛算法是无偏的，但是方差很大。

$n$ 步 Sarsa 算法的更新规则如下：

$$q(s_t, a_t) \leftarrow q(s_t, a_t) + a[r_{t+1} + \gamma r_{t+2} + \cdots + \gamma^n q(s_{t+n}, a_{t+n}) - q(s_t, a_t)]$$

在策略改进（policy improvement）过程中，如果一直使用贪婪策略（greedy policy），可能会导致探索不足。这种情况下，一些状态 - 动作对可能永远不会被探索，因此它们的价值无法被准确估计，从而可能影响到策略的整体效果。为了解决这个问题，通常会使用 $\varepsilon$- 贪婪策略。

## 5.2.2　代码

实现 Sarsa 算法的代码如下所示。

```
import numpy as np
import matplotlib.pyplot as plt
#### 默认设置下 matplotlib 图片清晰度不够，可以将图设置成矢
量格式
%config InlineBackend.figure_format = 'svg'
import gymnasium as gym

# 创建 CliffWalking-v0 环境实例
env = gym.make('CliffWalking-v0')

# 创建 Q 表格，大小为状态空间乘以动作空间
Q_table = np.zeros((env.observation_space.n, env.
action_space.n))

# epsilon-greedy 策略中的探索率
epsilon = 0.1

# 学习率
alpha = 0.1
# 折扣因子
gamma = 0.9
# 运行的回合数
num_episodes = 500
# 记录每个回合的回报值
return_list_s = []
# 记录回报值的滑动平均
ma_return_list_s = []

# 迭代每个回合
for episode in range(num_episodes):
```

```python
    # 重置环境，获取初始状态
    state = env.reset()[0]

    # 初始化回合的回报值
    episode_return = 0

    # 标志回合是否结束
    done = False
    # 选择初始动作
    action = env.action_space.sample()

    # 在一个回合内进行迭代
    while not done:
        # 执行选定的动作，获取下一个状态、奖励和回合结束标志
        next_state, reward, done, _, _ = env.
step(action)

        # epsilon-greedy 策略：以 epsilon 的概率随机选择
动作，以 1-epsilon 的概率选择 Q 值最大的动作
        if np.random.random() < epsilon:
            # 随机选择一个动作
            next_action = env.action_space.sample()
        else:
            # 选择 Q 值最大的动作
            next_action = np.argmax(Q_table[next_
state])
        # 更新回合的回报值
        episode_return += reward

        # 根据 Sarsa 更新规则更新 Q 值
        Q_table[state, action] += alpha * (reward +
gamma * Q_table[next_state, next_action]
- Q_table[state, action])
```

```
                # 更新当前状态和动作为下一个状态和动作
                state = next_state
                action = next_action

        # 记录回合的回报值
        return_list_s.append(episode_return)
        # 记录回报值的滑动平均
        if ma_return_list_s:
            ma_return_list_s.append(ma_return_list_s[-
1]*0.9+episode_return*0.1)
        else:
            ma_return_list_s.append(episode_return)

# 创建回合数列表
episodes_list = list(range(len(return_list_s)))

# 绘制回合数与回报值之间的关系图
plt.plot(episodes_list, return_list_s, label='Return')
plt.plot(episodes_list, ma_return_list_s, label='Moving
average of return')

plt.xlabel('Episodes')
plt.ylabel('Returns')
plt.title('Sarsa on {}'.format('Cliff Walking'))
plt.legend()
plt.show()
```

结果显示：

```
Q_max=np.argmax(Q_table, axis=1)
direction= ['上','右','下','左']

# 绘制收敛后策略
```

```
for i in range(4):
    for j in range(12):
        if(i*12+j) in list(range(37,47)):
            print('崖',end=' ')
        elif(i*12+j) in [47]:
            print('终',end=' ')
        else:
            print(direction[Q_max[i*12+j]],end='
')
    print()
```

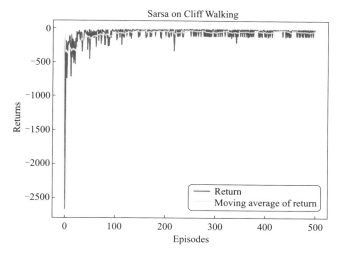

动作空间设定如下:

- 0: 向上移动
- 1: 向右移动
- 2: 向下移动
- 3: 向左移动

```
Q_max=np.argmax(Q_table, axis=1)
direction= ['上','右','下','左']
```

```
# 绘制收敛后策略
for i in range(4):
    for j in range(12):
        if(i*12+j) in list(range(37,47)):
            print(' 崖 ',end=' ')
        elif(i*12+j) in [47]:
            print(' 终 ',end=' ')
        else:
            print(direction[Q_max[i*12+j]],end='
')
    print()
```

结果显示:

```
右 右 右 右 右 右 右 右 右 右 右 下
上 上 上 右 右 右 右 右 右 右 右 下
上 上 右 左 上 上 上 左 左 右 右 下
上 崖 崖 崖 崖 崖 崖 崖 崖 崖 终
```

# 5.3 Q-Learning 算法

## 5.3.1 原理

Q-Learning 是一种经典且广泛应用的强化学习算法，Q-Learning 不依赖于当前策略，可以直接估计最优动作值 ❶。相比之下，Sarsa 需要与策略改进步骤结合，因为它只能估计给定策略的动作值。

Sarsa 的 TD 目标使用的是下一个状态和动作对应的动作值，Q-Learning 的 TD 目标使用了下一个状态取得的最大动作值，Q-Learning 算法的更新方式如下：

---

❶ Watkins C J C H. Learning from Delayed Rewards. Cambridge: University of Cambridge, 1989.

$$q(s_t, a_t) \leftarrow q(s_t, a_t) + \alpha \left[ r_{t+1} + \gamma \max_a q(s_{t+1}, a) - q(s_t, a_t) \right]$$

Sarsa 是一种在线策略算法，其更新公式需要使用当前策略采样得到的五元组 $(s, a, r, s', a')$。Q-Learning 是一种离线策略算法，其更新公式使用四元组 $(s, a, r, s')$ 来更新当前状态 - 动作对的动作价值。相比于 Sarsa，Q-Learning 不要求数据一定是由当前策略采样得到的，可以来自其他策略。两种算法的优劣对比如下：

① Sarsa 算法

• 优势：实时更新，适用于在线学习和需要即时反馈的场景。

• 缺点：对当前策略的依赖性较强，可能受到当前策略质量的限制。

② Q-Learning 算法

• 优势：不要求数据来自当前策略，更通用，适用于离线学习和对历史数据的有效利用。

• 缺点：可能更新不及时，无法利用即时的策略信息。

在实际应用中，选择使用 Sarsa 还是 Q-Learning 取决于问题的性质和对实时性的需求。在某些情况下，特别是在需要利用历史数据进行离线学习时，Q-Learning 可能更为合适。

Q-Learning 算法在目标策略下进行更新，而不考虑当前的行为策略。这导致 Q-Learning 算法更倾向于选择具有最大 Q 值的动作，即贪婪策略。由于贪婪策略可能会导致冒险行为，Q-Learning 算法可能更容易探索环境中的高回报路径。

相比之下，Sarsa 算法采用的是同策略，其更新公式中使用当前策略采样得到的动作。这使得 Sarsa 算法更加保守，更注重在当前策略下获得稳定的收益，避免冒险行为和面对高风险区域。

因此，在面对悬崖等高风险区域时，Q-Learning 算法可能会选择冒险行为，比如走在悬崖边上这样的高风险区域，以获得更高的长期回报，而 Sarsa 算法更倾向于选择保守的路径。这使得 Q-Learning 算法相对于 Sarsa 算法更适合应对需要更大的探索性的环境。对于一些对风险敏感的智能体来说，Sarsa 算法可能更适合，因为它更倾向于学习出更为保守的策略。

通过一个案例对 Q-Learning 算法进行简单的说明。在一个 $3 \times 3$ 迷宫中，每个格子表示一个状态，总共有 9 个状态，标记为 $s_0$ 到 $s_8$。智能体的目标是从初始状态 $s_0$ 到达特定的目标状态 $s_8$。每次移动可以是上、下、左、右，分别用 $a_1$、$a_2$、$a_3$、$a_4$ 表示。

状态奖励设定如下：

- 初始状态 $s_0$：0。
- 目标状态 $s_8$：奖励为 +10。
- 其他状态：不同状态有不同的奖励（或惩罚）值。

状态 $s_1$：$-1$；状态 $s_2$：$-2$；状态 $s_3$：+2；状态 $s_4$：$-2$；状态 $s_5$：+5；状态 $s_6$：$-3$；状态 $s_7$：+1。

Q-Learning 参数：

- 学习率（$\alpha$）：0.1。
- 折扣因子（$\gamma$）：0.9。
- 初始 Q-table：所有值初始化为 0，如表 5-1 所示。

表 5-1　初始化 Q-table

| Q-table | $a_1$（上） | $a_2$（下） | $a_3$（左） | $a_4$（右） |
|---------|-----------|-----------|-----------|-----------|
| $s_0$ | 0 | 0 | 0 | 0 |
| $s_1$ | 0 | 0 | 0 | 0 |
| $s_2$ | 0 | 0 | 0 | 0 |
| $s_3$ | 0 | 0 | 0 | 0 |
| $s_4$ | 0 | 0 | 0 | 0 |
| $s_5$ | 0 | 0 | 0 | 0 |
| $s_6$ | 0 | 0 | 0 | 0 |
| $s_7$ | 0 | 0 | 0 | 0 |
| $s_8$ | 0 | 0 | 0 | 0 |

考虑以下示例步骤，其中智能体从状态 $s_0$ 开始并做出一系列决策。

- 第一步：当前状态 $S = s_0$，利用动作 $A = a_2$ 移动到新状态 $S' = s_3$，状态 $s_3$ 的奖励 $R = +2$。

$$Q(s_{0,}a_2) = 0+0.1[2+0.9 \times 0-0] = 0.2$$

- 第二步：假设从状态 $s_3$ 智能体选择向右移动到状态 $s_4$，奖励 $R = -2$。

$$Q(s_{3,}a_4) = 0+0.1[-2+0.9 \times 0-0] = -0.2$$

- 第三步：接下来，如果智能体从状态 $s_4$ 向下移动到状态 $s_7$，奖励 $R = +1$。

$$Q(s_{4,}a_2) = 0+0.1[1+0.9 \times 0-0] = 0.1$$

- 第四步：最后，如果智能体从状态 $s_7$ 向右移动到目标状态 $s_8$，奖励 $R = +10$。

$$Q(s_{7,}a_4) = 0+0.1[10+0.9 \times 0-0] = 1.0$$

在每一步中，Q-table 被更新，以反映当前状态 - 动作对的估计价值。随着更多的迭代和探索，Q-table 将逐渐收敛，代表每个状态下采取每个动作的最优预期回报。通过这个过程，智能体学会如何根据不同状态的奖励来导航迷宫，最终找到达到目标状态的有效路径。

## 5.3.2　代码

实现 Q-Learning 算法的代码如下所示。

```python
import numpy as np
import matplotlib.pyplot as plt
```

```
#### 默认设置下 matplotlib 图片清晰度不够，可以将图设置成矢
量格式
%config InlineBackend.figure_format = 'svg'
import gymnasium as gym    # 导入 gym 库
# 环境设定：创建 CliffWalking-v0 环境实例
env = gym.make('CliffWalking-v0')

# 创建 Q 表格，大小为状态空间乘以动作空间
Q_table = np.zeros((env.observation_space.n, env.
action_space.n))
# epsilon-greedy 策略中的探索率
epsilon = 0.1
# 学习率
alpha = 0.1
# 折扣因子
gamma = 0.9
# 运行的回合数
num_episodes = 500
# 记录每个回合的回报值
return_list_q = []
# 记录回报值的滑动平均
ma_return_list_q = []

# 迭代每个回合
for episode in range(num_episodes):
    # 重置环境，获取初始状态
    state = env.reset()[0]
    # 初始化回合的回报值
    episode_return = 0
    # 标志回合是否结束
    done = False
    # 在一个回合内进行迭代
    while not done:
```

　　强化学习：人工智能如何知错能改

```
        # epsilon-greedy 策略：以 epsilon 的概率随机选择
动作，以 1-epsilon 的概率选择 Q 值最大的动作
        if np.random.random() < epsilon:
            # 随机选择一个动作
            action = env.action_space.sample()
        else:
            # 选择 Q 值最大的动作
            action = np.argmax(Q_table[state])

        # 执行选定的动作，获取下一个状态、奖励和回合结束标志
        next_state, reward, done, _, _ = env.
step(action)

        # 更新回合的回报值
        episode_return += reward

        # 根据 Q-Learning 更新规则、更新 Q 值
        Q_table[state, action] += alpha * (reward +
gamma * np.max(Q_table[next_state])
- Q_table[state, action])

        # 更新当前状态为下一个状态
        state = next_state

    # 记录回合的回报值
    return_list_q.append(episode_return)

    # 记录回报值的滑动平均
    if ma_return_list_q:
        ma_return_list_q.append(ma_return_list_q[-
1]*0.9+episode_return*0.1)
        else:
        ma_return_list_q.append(episode_return)
```

```
# 创建回合数列表
episodes_list = list(range(len(return_list_q)))

# 绘制回合数与回报值之间的关系图
plt.plot(episodes_list, return_list_q, label='Return')
plt.plot(episodes_list, ma_return_list_q, label='Moving
average of return')
plt.xlabel('Episodes')
plt.ylabel('Returns')
plt.title('Q-Learning on {}'.format('Cliff Walking'))
plt.legend()
plt.show()
```

结果显示:

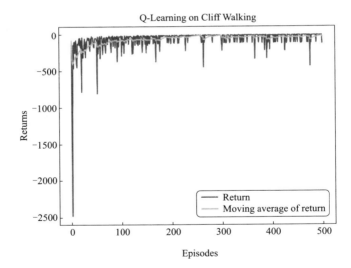

动作空间设定如下:

- 0: 向上移动
- 1: 向右移动

- 2：向下移动
- 3：向左移动

代码如下：

```
Q_max=np.argmax(Q_table, axis=1)

direction= [' 上 ',' 右 ',' 下 ',' 左 ']
for i in range(4):
    for j in range(12):
        if(i*12+j) in list(range(37,47)):
            print(' 崖 ',end=' ')
        elif(i*12+j) in [47]:
            print(' 终 ',end=' ')
        else:
            print(direction[Q_max[i*12+j]],end=' ')
    print()
```

结果显示：

```
左 右 右 下 右 右 右 右 右 右 右 下
左 上 下 下 右 上 右 右 下 右 下 下
右 右 右 右 右 右 右 右 右 右 右 下
上 崖 崖 崖 崖 崖 崖 崖 崖 崖 终
```

在分别运行完 Sarsa 算法与 Q-Learning 算法后，如果要进行两个算法的结果对比，代码如下：

```
# 绘制 Q-Learning 与 Sarsa 算法得到的回报值之间的关系图
plt.plot(episodes_list, return_list_q, label='Return(Q-
Learning)')
plt.plot(episodes_list, return_list_s,
label='Return(Sarsa)')

plt.xlabel('Episodes')
```

```
plt.ylabel('Returns')
plt.title('Sarsa & Q-Learning on {}'.format('Cliff
Walking'))
plt.legend()
plt.grid(axis = 'y') # 横向辅助线

plt.show()
```

结果显示：

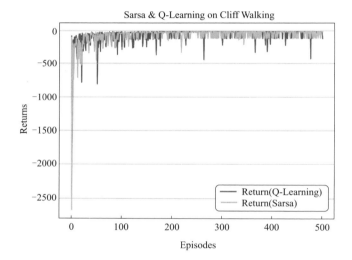

Sarsa 算法和 Q-Learning 算法是两种在强化学习领域中常用的方法，它们都旨在学习策略，通过策略，智能体可以知道在给定状态下应采取什么动作，以最大化总回报。从程序给出的图来看，以下的内容也得到了一定程度上的验证。

Sarsa 算法是一种基于策略的方法。它在训练过程中采用基于当前 Q 值的 $\varepsilon$- 贪婪策略来平衡探索和利用。在 $\varepsilon$- 贪婪策略中，智能体大多数时间会选择当前最佳的动作，即具有最高 Q 值的动作，但有时也会随机选择其他动作，以便更好地探索环境。这种方法可以帮助避免局部最优解，并有助于更全面地理解环境。

相比之下，Q-Learning 算法是一种离线策略方法，它在训练过程中总是寻找最优动作，即那些最大化预期回报的动作。然而，这种方法有时会导致冒险的决策，比如在某些环境（如悬崖行走任务）中，智能体可能会选择靠近悬崖边缘的路径，因为这可能在短期内提供更高的回报，但同时也增加了风险。

因此，在某些情况下，Sarsa 算法所学到的策略可能比 Q-Learning 更加保守。Sarsa 通过在训练中考虑当前策略下的行为后果，倾向于避开可能导致大量负回报的高风险行为，例如不太可能选择掉入悬崖的动作，这可导致 Sarsa 在某些任务中得到的期望回报高于 Q-Learning，尤其是在那些风险较高的环境中。

第 **6** 章

# 深度强化学习

# 6.1 DQN 入门

## 6.1.1 DQN 的基本概念

强化学习作为人工智能领域的一个关键分支，历经数十年的发展，见证了从基本的表格表示方法到复杂的深度学习技术的显著演变。在强化学习的初期阶段，状态和动作的值主要通过表格形式来表示。

前文中介绍的算法，比如 Q-Learning 算法，它通过建立一个表格来存储每个状态下所有动作的 Q 值。这个表格中的每个元素 $q(s, a)$ 表示在状态 $s$ 下选择动作 $a$，然后继续按照某一策略预期得到的期望回报。这种方法由于其直观性和简单性，在早期的强化学习研究中广受欢迎。

然而，这种用表格存储动作价值的方法只适用于状态和动作都是离散，且状态和动作空间相对较小的情况。但是当状态或动作的数量非常大时，这种方法就不再适用。当涉及大规模状态空间时，表格表示法显示出其局限性。

一方面，大型状态或动作空间需要庞大的表格来存储所有可能的值，这在实际应用中往往是不现实的；另一方面，表格方法只在访问特定状态时更新状态值，导致无法估计未被访问状态的值。这些限制在处理复杂的动态的环境时尤为明显。

比如，假设有一个智能体，它需要通过视觉感知来学习，并在一个虚拟现实的环境中完成任务获得奖励。环境是一个连续状态和连续动作空间的问题，因为智能体的位置可以是连续的坐标值，动作可以是连续的移动方向和速度。如果尝试使用传统的 Q 值表格来存储状态 - 动作对的 Q 值，这将是不可行的，这个表格将会非常庞大且难以管理。因此，需要采用函数拟合的方法来估计 Q 值。

当使用函数拟合方法估计 Q 值时，由于对 Q 值进行近似，会导致一定的精度损失，这种类型的方法通常被称为近似方法。在强化学习中，近似方法广泛用于处理状态空间较大或连续的问题，其中精确地存储和更新每个状态 - 动作对的值变得不切实际。

为了克服传统表格表示的局限性，研究者们转向使用参数化函数逼近（function approximation）来近似状态和动作的值。这种方法使用形如 $\hat{v}(s, w)$ 的近似价值函数来逼近策略的真实状态值 $v_\pi(s)$，其中 $s$ 是状态变量，$w$ 是参数向量。

这样的方法不仅降低了对存储空间的需求，而且通过更新参数 $w$，即便是未访问的状态，其估计值也能得到间接更新，从而增强了模型的泛化能力。虽然这提高了算法的适用性，但也引入了由于函数逼近而产生的近似误差。

随着计算能力的提升和算法的进步，人工神经网络成为了强化学习中的一大支柱。作为非线性函数逼近器，神经网络强大的表征能力使得强化学习算法能够处理之前难以想象的复杂状态空间。这一技术的引入不仅限于值函数的逼近，还扩展到了策略函数的逼近，为强化学习的应用开辟了新天地。

用于拟合 Q 函数的神经网络通常被称为 Q 网络。Q 网络的输入是状态信息，输出是每个可能动作的 Q 值的估计。

当将迷宫环境应用于强化学习并使用神经网络时，可以将一些如状态等信息表示为神经网络的输入，比如将迷宫状态表示为一个向量，其中每个元素对应于特定状态的信息。例如，可以使用二进制编码表示每个位置是否包含墙壁、目标、智能体的当前位置等。此外，如果在迷宫中还有其他信息，例如奖励分布、其他物体的位置等，也可以将这些信息加入状态向量中。

神经网络的输出则是五个动作，如向左、向右、向上、向下以及原地静止等。如图 6-1 所示。通过训练这样的神经网络，系统可以学习在不同状态下采取不同动作的预期累积奖励，从而给出动作决策。

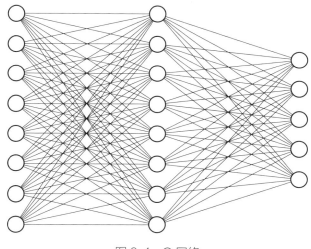

图 6-1　Q 网络

通常，将 Q-Learning 扩展到神经网络形式称为深度 Q 网络（deep Q network，简称 DQN）。DQN 是一种深度强化学习算法，将 Q-Learning 与深度神经网络相结合，以处理具有复杂状态空间和动作空间的问题。

在 DQN 中，经验回放（experience replay）和目标网络（target network）是两个关键的技术模块，它们的引入旨在提高算法的稳定性和训练效果。

经验回放是 DQN 中的一项关键技术，旨在提高训练的效率和稳定性。经验回放的主要思想是存储智能体先前的经验，并在训练时以一种随机的方式重用这些经验。

在每个时间步，将智能体的经验元组，即状态、动作、奖励、下一个状态保存到一个经验回放缓冲区中。这个缓冲区可以看作是一个循环队列，当达到最大容量时，新的经验将覆盖最早的经验。

在每次训练神经网络时，从经验缓冲区中随机抽样一个或一批经验，这是与之前的强化学习方法的主要区别。在传统的Q-Learning 中，每个数据只会用来更新一次 Q 值。

使用抽样的经验批量来进行神经网络的参数更新。这使得每次更新都能从各种状态和动作的组合中学习，而不是仅仅从当前状态的单一经验中学习。这有助于减小样本之间的相关性，提高学习的效率和稳定性。

经验回放的主要优势在于以下两个方面：

• 独立性和去相关性：随机抽样的经验样本使得训练数据独立和不相关，因为数据的相关会造成对神经网络很大的影响。

• 数据效率：经验回放允许智能体重复使用之前的经验，从而更充分地利用已有的信息。

在 DQN 中，目标网络是为了提高训练的稳定性而引入的一种技术。目标网络的主要作用是减小训练过程中目标 Q 值的波动，从而使训练更加稳定。

在训练 Q 网络时，使用的是 TD 误差来更新网络参数。TD 误差是当前估计的 Q 值与目标 Q 值之间的差异。然而，TD 误差的目标本身包含了神经网络的输出，因此在更新网络参数的同时，目标也在不断地改变，这会导致训练不稳定。为了解决这个问题，DQN 使用了目标网络的思想。

具体来说，DQN 维护了两套神经网络：

• 主网络（main-network）：用于计算当前状态下的 Q 值和选择动作。这个网络的参数在训练过程中不断更新。

• 目标网络（target-network）：用于计算误差函数时确定动作

值。目标网络的参数并不是每个时间步都进行更新，会在一段时间内保持不变，然后再与主网络同步一次。

## 6.1.2　环境：车杆

车杆（cart pole）环境是 Gym 库中经典的控制环境中的一部分。该环境的目标是通过施加力来平衡一个竖立在小车上的杆子，使其保持竖直状态，如图 6-2 所示。

图 6-2　车杆（cart pole）环境

在车杆环境中，有一个小车和一个连接在其上的杆子。小车可以在一条无摩擦的轨道上左右移动，而杆子通过一个无法被操纵的关节连接在小车上，杆子可以自由地旋转。任务的目标是在小车移动的过程中通过施加左右方向的力来保持杆子竖直。

环境的状态由四个观测值组成：

• 小车的位置：表示小车在轨道上的位置，范围为 −4.8 到 4.8；小车 $x$ 位置可以取值在 (−4.8, 4.8) 之间，但是如果小车离开 (−2.4, 2.4) 范围，回合会终止。

• 小车的速度：表示小车的速度，可以是任意实数。

• 杆子的倾斜角度：表示杆子相对于竖直方向的倾斜角度，范围为 −24° 到 24°，但是如果杆子倾斜角度不在 ±12° 之间，回合会终止。

• 杆子的角速度：表示杆子的角速度，可以是任意实数。

动作空间是离散的，有两个可能的动作，动作是一个形状为 (1,) 的 ndarray，可以取值 {0, 1}，表示将力推向左或推向右。

- 将小车向左推。
- 将小车向右推。

每当施加了一个动作后，环境会根据物理规则更新小车和杆子的状态，并返回新的观测值作为反馈。在每一步（帧）中，成功地保持杆子竖直会得到分数为 1 的奖励，而杆子倾斜超过一定角度或小车超出一定位置范围会导致终止，并获得较低的奖励或惩罚。

由于目标是尽可能长时间保持杆的竖直，每一步都会获得 +1 的奖励，包括终止步骤。v1 版本的奖励阈值为 475。

起始状态是所有观测值都被随机分配在 (−0.05, 0.05) 的均匀分布中。

以下情况之一发生时，回合结束：

- 终止条件 1：杆倾斜角度大于 ±12°。
- 终止条件 2：小车位置大于 ±2.4（小车的中心达到显示边缘）。
- 截断条件：回合长度大于 500（v0 版本为 200）。

```python
import gym

# 创建 CartPole-v1 环境
env = gym.make('CartPole-v1')

# 获取动作空间信息
action_space = env.action_space
print("Action Space:", action_space)

# 获取观测空间信息
observation_space = env.observation_space
print("Observation Space:", observation_space)

# 打印观测空间的最小值和最大值
```

```
print("Observation Min:", observation_space.low)
print("Observation Max:", observation_space.high)

# 打印奖励阈值
rewards_threshold = env.spec.reward_threshold
print("Rewards Threshold:", rewards_threshold)

# 打印起始状态信息
starting_state = env.reset()
print("Starting State:", starting_state)
```

结果显示:

```
Action Space: Discrete(2)
Observation Space: Box([-4.8000002e+00 -3.4028235e+38
-4.1887903e-01 -3.4028235e+38], [4.8000002e+00
3.4028235e+38 4.1887903e-01 3.4028235e+38], (4,),
float32)
Observation Min: [-4.8000002e+00 -3.4028235e+38
-4.1887903e-01 -3.4028235e+38]
Observation Max: [4.8000002e+00 3.4028235e+38
4.1887903e-01 3.4028235e+38]
Rewards Threshold: 475.0
Starting State: (array([ 0.02691649, -0.02633896,
0.02795506,  0.00316536], dtype=float32), {})
```

# 6.2 BP 神经网络 + 强化学习

## 6.2.1 原理

BP 神经网络（backpropagation neural network）是一种基于反向传播算法的人工神经网络，它模拟了人脑神经元之间的相互连接和信息传递过程。该网络包含输入层、隐藏层和输出层，每个层内有多个神经元。

BP 神经网络的关键在于通过不断地调整权重，使得网络能够学习输入和输出之间的复杂映射关系。这种通过反向传播不断优化网络权重的机制，使得 BP 神经网络具有较强的非线性拟合能力，广泛应用于模式识别、分类、回归等领域。

BP 神经网络的工作原理可以分为以下几个步骤：

① 初始化权重。随机初始化网络中所有连接的权重值，这些权重值是网络的学习参数，决定了输入信号在神经元之间传递时的重要性。

② 前向传播。将输入数据输入到网络的输入层，并通过网络的隐藏层传递到输出层。每个神经元计算其输入信号的加权和，并将结果应用于激活函数。激活函数通常是非线性的，它引入了网络的非线性能力。前向传播过程将输入信号通过网络传递，并产生输出结果。

③ 计算误差。将网络的输出与预期输出进行比较，计算误差。常用的误差函数包括均方误差和交叉熵损失等。

④ 反向传播。从输出层开始，通过反向传播算法计算每个神经元的误差贡献，并将误差传递回隐藏层和输入层。这个过程是基于链式法则，根据每个神经元的误差和权重值来更新网络中的权重。

⑤ 权重更新。使用梯度下降法或其他优化算法，根据反向传播计算得到的误差梯度，更新网络中的权重值。通过反复迭代前向传播、误差计算和反向传播，不断调整权重，使网络的输出逼近预期输出。

⑥ 终止条件。设置停止条件，例如达到一定的训练轮次或达到期望的准确度。如果停止条件满足，则结束训练过程，否则继

续迭代。

通过反复训练和权重更新，BP 神经网络能够逐渐调整权重，提高对输入数据的预测准确性。它具有强大的表达能力和逼近能力，可以处理复杂的非线性问题，并在模式识别、分类和回归等领域中取得良好的性能。

在神经网络中，激活函数（activation function）和损失函数（loss function）是两个重要的概念。激活函数是神经网络中的一种非线性函数，用于在神经元中引入非线性能力。它将神经元的输入总和转换为输出信号，常用于隐藏层和输出层的神经元中。激活函数的作用是对输入信号进行非线性变换，增加网络的表达能力，使网络能够处理复杂的非线性问题。

常见的激活函数包括 Sigmoid 函数以及 ReLU 函数等，如图 6-3 所示。

① Sigmoid 函数。将输入映射到 0 到 1 之间的连续输出，具有平滑的曲线形状。

② ReLU 函数（rectified linear unit）。将负数输入置为零，正数输入保持不变，具有简单的计算和快速收敛的特点。

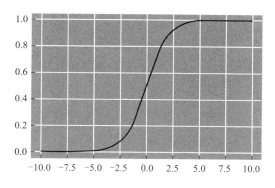

Sigmoid激活函数

图 6-3

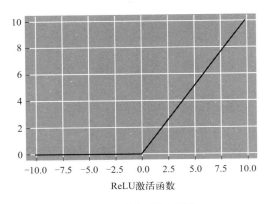

图6-3 神经激活函数

　　损失函数是衡量神经网络输出与目标输出之间差异的函数。它用于评估网络在训练过程中的性能，并提供反馈信号来指导权重的调整。通过最小化损失函数，神经网络可以逐步优化输出结果，使其尽可能接近目标输出。不同的问题类型和任务需要选择适合的损失函数，常见的损失函数包括：

　　① 均方误差（mean squared error，MSE）。用于回归问题，计算预测值与目标值之间的平方差的平均值。

　　② 交叉熵损失（cross-entropy loss）。用于分类问题，衡量预测概率分布与目标概率分布之间的差异。

　　选择合适的激活函数和损失函数对于神经网络的性能和训练效果至关重要。不同的激活函数和损失函数适用于不同的问题和数据类型，应根据具体任务的需求进行选择和调整❶。

　　在上述的"车杆"的环境中，可以通过构建一个输入层接收小车位置、小车速度、杆尖速度和杆的角度等数据，输出层输出向

---

　　❶ 鉴于已有不少机器学习、深度学习的书籍详细地介绍了 BP 神经网络原理，本书就不再赘述，感兴趣的读者可以参考其他书籍，希望快速入门 BP 神经网络原理并通过程序实践的读者，也可参考本丛书中的《数据科学：机器学习如何数据掘金》一书。

左移动或者向右移动等信息，如图 6-4 所示。

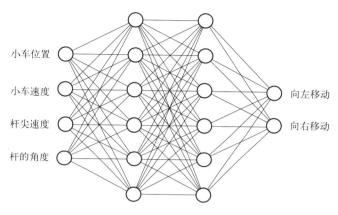

小车位置
小车速度
杆尖速度
杆的角度

向左移动
向右移动

图 6-4　车杆环境中的 Q 网络

## 6.2.2　代码

以下是用 DQN 配合 MLP（简单神经网络）解决 CartPole 问题的代码，使用了 PyTorch 深度学习框架。

```
# 导入必需的库
import os
from typing import Dict, List, Tuple

import gymnasium as gym
import matplotlib.pyplot as plt
import numpy as np
import torch
import torch.nn as nn
import torch.nn.functional as F
import torch.optim as optim
from IPython.display import clear_output
class ReplayBuffer:
```

```python
    """ 实现简单的 NumPy 数据缓存 """

def __init__(self, obs_dim: int, size: int, batch_size:
int = 32):
    # 初始化
    self.obs_buf = np.zeros([size, obs_dim], dtype=np.float32)
    self.next_obs_buf = np.zeros([size, obs_dim], dtype=np.
float32)
    self.acts_buf = np.zeros([size], dtype=np.float32)
    self.rews_buf = np.zeros([size], dtype=np.float32)
    self.done_buf = np.zeros(size, dtype=np.float32)
    self.max_size, self.batch_size = size, batch_size
    self.ptr, self.size, = 0, 0

def store(
    self,
    obs: np.ndarray,
    act: np.ndarray,
    rew: float,
    next_obs: np.ndarray,
    done: bool,
):
  # 存储
    self.obs_buf[self.ptr] = obs
    self.next_obs_buf[self.ptr] = next_obs
    self.acts_buf[self.ptr] = act
    self.rews_buf[self.ptr] = rew
    self.done_buf[self.ptr] = done
    self.ptr = (self.ptr + 1) % self.max_size
    self.size = min(self.size + 1, self.max_size)

def sample_batch(self) -> Dict[str, np.ndarray]:
    # 采样
```

```python
    idxs = np.random.choice(self.size, size=self.batch_
size, replace=False)
    return dict(obs=self.obs_buf[idxs],
                next_obs=self.next_obs_buf[idxs],
                acts=self.acts_buf[idxs],
                rews=self.rews_buf[idxs],
                done=self.done_buf[idxs])

  def __len__(self) -> int:
    return self.size


class Network(nn.Module):
    def __init__(self, in_dim: int, out_dim: int):
        """ 初始化简单的 MLP 网络 """
        super(Network, self).__init__()

        self.layers = nn.Sequential(
            nn.Linear(in_dim, 128),
            nn.ReLU(),
            nn.Linear(128, 128),
            nn.ReLU(),
            nn.Linear(128, out_dim)
        )

    def forward(self, x: torch.Tensor) -> torch.Tensor:
        """Forward method implementation."""
        return self.layers(x)
class DQNAgent:
  """ 定义和环境交互的 DQN 智能体

    变量:
        env (gym.Env): openAI Gym 环境
```

```
            memory (ReplayBuffer): 保存状态转移的内存
            batch_size (int): 用于采样的 batch size
            epsilon (float): epsilon 贪心策略的参数
            epsilon_decay (float): 减小 epsilon 的步长
            max_epsilon (float): epsilon 最大值
            min_epsilon (float): epsilon 最小值
            target_update (int): target 模型的更新周期
            gamma (float): 折扣因子
            dqn (Network): 用于训练、动作选择的模型
            dqn_target (Network): target 模型
            optimizer (torch.optim): 训练 DQN 参数的优化器
            transition (list): 状态转移，包括 state, action,
    reward, next_state, done
        """

        def __init__(
            self,
            env: gym.Env,
            memory_size: int,
            batch_size: int,
            target_update: int,
            epsilon_decay: float,
            seed: int,
            max_epsilon: float = 1.0,
            min_epsilon: float = 0.1,
            gamma: float = 0.99,
        ):
            """ 初始化 """
            obs_dim = env.observation_space.shape[0]
            action_dim = env.action_space.n

            self.env = env
            self.memory = ReplayBuffer(obs_dim, memory_size,
```

```
batch_size)
        self.batch_size = batch_size
        self.epsilon = max_epsilon
        self.epsilon_decay = epsilon_decay
        self.seed = seed
        self.max_epsilon = max_epsilon
        self.min_epsilon = min_epsilon
        self.target_update = target_update
        self.gamma = gamma

        # 设备
        self.device = torch.device(
            "cuda" if torch.cuda.is_available() else
"cpu"
        )
        print(self.device)

        # 定义网络
        self.dqn = Network(obs_dim, action_dim).to(self.
device)
        self.dqn_target = Network(obs_dim, action_dim).
to(self.device)
        self.dqn_target.load_state_dict(self.dqn.state_
dict())
        self.dqn_target.eval()

        # 定义优化器
        self.optimizer = optim.Adam(self.dqn.
parameters())

        # 定义状态转移
        self.transition = list()
```

```python
        # 模式
        self.is_test = False

    def select_action(self, state: np.ndarray) ->
np.ndarray:
        """ 根据状态选取动作 """
        # epsilon 贪心策略
        if self.epsilon > np.random.random():
            selected_action = self.env.action_space.
sample()
        else:
            selected_action = self.dqn(
                torch.FloatTensor(state).to(self.device)
            ).argmax()
            selected_action = selected_action.detach().
cpu().numpy()

        if not self.is_test:
            self.transition = [state, selected_action]

        return selected_action

    def step(self, action: np.ndarray) -> Tuple[np.
ndarray, np.float64, bool]:
        """ 选择动作，返回环境的响应 """
        next_state, reward, terminated, truncated, _ =
self.env.step(action)
        done = terminated or truncated

        if not self.is_test:
            self.transition += [reward, next_state,
done]
            self.memory.store(*self.transition)
```

```python
        return next_state, reward, done

    def update_model(self) -> torch.Tensor:
        """ 梯度下降更新模型 """
        samples = self.memory.sample_batch()

        loss = self._compute_dqn_loss(samples)

        self.optimizer.zero_grad()
        loss.backward()
        self.optimizer.step()

        return loss.item()

    def train(self, num_frames: int, plotting_interval:
int = 200):
        """ 训练智能体 """
        self.is_test = False

        state, _ = self.env.reset(seed=self.seed)
        update_cnt = 0
        epsilons = []
        losses = []
        scores = []
        score = 0

        for frame_idx in range(1, num_frames + 1):
            action = self.select_action(state)
            next_state, reward, done = self.step(action)

            state = next_state
            score += reward
```

```
        # if episode ends
        if done:
            state, _ = self.env.reset(seed=self.
seed)

            scores.append(score)
            score = 0

        # 若可以开始训练
        if len(self.memory) >= self.batch_size:
            loss = self.update_model()
            losses.append(loss)
            update_cnt += 1

            # 线性降低 epsilon
            self.epsilon = max(
                self.min_epsilon, self.epsilon - (
                    self.max_epsilon - self.min_
epsilon
            ) * self.epsilon_decay
            )
            epsilons.append(self.epsilon)

            # 如果需要更新 target 模型
            if update_cnt % self.target_update == 0:
                self._target_hard_update()

        # 绘图
        if frame_idx % plotting_interval == 0:
            self._plot(frame_idx, scores, losses,
epsilons)

    self.env.close()
```

```python
    def test(self, video_folder: str) -> None:
        """ 测试智能体 """
        self.is_test = True

        # 录制视频
        naive_env = self.env
        self.env = gym.wrappers.RecordVideo(self.env,
video_folder=video_folder)

        state, _ = self.env.reset(seed=self.seed)
        done = False
        score = 0

        while not done:
            action = self.select_action(state)
            next_state, reward, done = self.step(action)

            state = next_state
            score += reward

        print("score: ", score)
        self.env.close()

        # reset
        self.env = naive_env

    def _compute_dqn_loss(self, samples: Dict[str,
np.ndarray]) -> torch.Tensor:
        """ 返回 DQN 的损失函数 """
        device = self.device

        state = torch.FloatTensor(samples["obs"]).
```

```python
to(device)
        next_state = torch.FloatTensor(samples["next_
obs"]).to(device)
        action = torch.LongTensor(samples["acts"].
reshape(-1, 1)).to(device)
        reward = torch.FloatTensor(samples["rews"].
reshape(-1, 1)).to(device)
        done = torch.FloatTensor(samples["done"].
reshape(-1, 1)).to(device)

        # G_t   = r + gamma * v(s_{t+1}) 非终止状态
        #       = r               终止状态
        curr_q_value = self.dqn(state).gather(1, action)
        next_q_value = self.dqn_target(
          next_state
        ).max(dim=1, keepdim=True)[0].detach()
        mask = 1 - done
        target = (reward + self.gamma * next_q_value *
mask).to(self.device)

        # calculate dqn loss
        loss = F.smooth_l1_loss(curr_q_value, target)

        return loss

    def _target_hard_update(self):
        """用 model 的数据更新 target 模型 """
        self.dqn_target.load_state_dict(self.dqn.state_
dict())

    def _plot(
        self,
        frame_idx: int,
```

```
        scores: List[float],
        losses: List[float],
        epsilons: List[float],
    ):
        """ 绘制训练过程 """
        clear_output(True)
        plt.figure(figsize=(20, 5))
        plt.subplot(131)
        plt.title('frame %s. score: %s' % (frame_idx,
np.mean(scores[-10:])))
        plt.plot(scores)
        plt.subplot(132)
        plt.title('loss')
        plt.plot(losses)
        plt.subplot(133)
        plt.title('epsilons')
        plt.plot(epsilons)
        plt.show()
```

```
# 环境
env = gym.make("CartPole-v1", max_episode_steps=200,
render_mode="rgb_array")
seed = 777


def seed_torch(seed):
    torch.manual_seed(seed)
    if torch.backends.cudnn.enabled:
        torch.cuda.manual_seed(seed)
        torch.backends.cudnn.benchmark = False
        torch.backends.cudnn.deterministic = True
```

```
np.random.seed(seed)
seed_torch(seed)
# 超参数
num_frames = 30000
memory_size = 1000
batch_size = 32
target_update = 100
epsilon_decay = 1 / 2000
# 定义智能体，开始训练
agent = DQNAgent(env, memory_size, batch_size, target_
update, epsilon_decay, seed)
agent.train(num_frames)
```

结果显示:

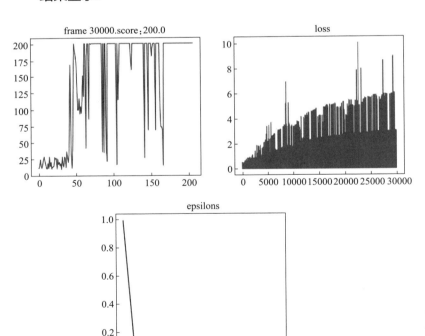

  强化学习：人工智能如何知错能改

从结果看，左图说明了用 MLP 作为 Q function 的 DQN 在 CartPole-v1 环境训练 30000 帧的结果，在简单任务中可以稳定在 episode 长度的限制下获得最大奖励。中图则显示 loss function 的变化情况，基本保持突然增长后有序降低的形势。右图给出了 epsilon 随帧数增加的变化情况，在训练初期保持较高的探索概率，而在策略稳定后探索概率降低，利用概率上升。

# 6.3　卷积神经网络 + 强化学习

## 6.3.1　原理

DQN 结合了深度学习和强化学习的概念，特别是通过将卷积神经网络与强化学习算法相结合。在传统的强化学习中，智能体通过观察环境的状态来做出决策，并随着时间的推移学习最佳行动策略。这些状态信息通常是直接可获取的，如游戏的得分或玩家的位置。

但是在如视频游戏这样的场景中，智能体可能无法直接访问这些状态信息，只能通过游戏屏幕上的图像来了解环境。为了让智能体能够像人类玩家一样玩游戏，需要使其能够以图像作为状态信息来做出决策。这就是卷积神经网络发挥作用的地方。

卷积神经网络是深度学习中用于图像识别和处理的强大工具。通过将卷积神经网络集成到强化学习框架中，可以创建一个系统，该系统能够从原始像素输入中提取特征，并利用这些特征来做出决策。DQN 将卷积神经网络加入其网络结构来提取图像特征，并最终实现以图像为输入的强化学习。在 DQN 网络中，通常会将最近的几帧图像作为输入，以此来感知环境的动态变化。

卷积神经网络是一种专门用于处理具有网格结构数据（如图

像和视频）的深度学习模型。卷积神经网络的设计灵感来自于动物视觉系统的工作原理，尤其是动物大脑皮质中处理视觉信息的方式。卷积神经网络在计算机视觉任务中取得了显著的成功，包括图像分类、目标检测、图像生成等。

杨立昆于 1998 年发表的论文《基于梯度学习在文档识别中的应用》标志着卷积神经网络（CNN）的起源，该论文提出了 LeNet-5，如图 6-5 所示。这是一种用于手写字符识别的卷积神经网络结构。LeNet-5 的提出对深度学习领域产生了深远的影响，成为卷积神经网络的奠基之作 ❶。

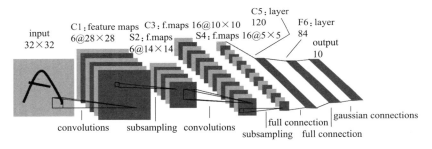

图 6-5　LeNet-5 架构

(input/output: 输入 / 输出;feature maps: 特征图;convolution : 卷积;subsampling :
降采样;full connection: 全连接;gaussian connections: 高斯连接)

卷积神经网络的工作流程通常如下：

- 输入层：接收原始数据，通常是图像。
- 卷积层：提取图像的局部特征。
- 激活函数：引入非线性。
- 池化层：减小特征图的空间尺寸。

---

❶ Yang L C, Bottou L, Bengio Y, et al. Gradient-Based Learning Applied to Document Recognition. Proceedings of the IEEE, 1998, 86(11): 2278-2324.

- 全连接层：学习高级特征和关系。
- Softmax 层：输出类别概率分布。

以下是卷积神经网络的主要组成部分的详细说明 ❶：

- 卷积层（convolutional layer）：卷积操作是卷积神经网络的核心。卷积层使用卷积核（filter）对输入数据进行滑动卷积操作。卷积核是一小块权重矩阵，通过在输入数据上滑动，计算局部区域的加权和。这有助于网络学习到图像中的局部特征，如边缘、纹理等。每个卷积核生成一个特征图，多个卷积核组成一个卷积层，生成多个特征图。

- 激活函数：通常，在卷积层的卷积操作之后，会通过激活函数引入非线性。常用的激活函数包括 ReLU（rectified linear unit）等，它们为网络引入非线性，提升模型的表达能力。

- 池化层（pooling layer）：池化操作用于减小特征图的空间尺寸，减少计算量，并增强模型的平移不变性。最大池化和平均池化是两种常见的池化操作，它们分别选择局部区域的最大值或平均值作为新的特征值。

- 全连接层（fully connected layer）：在卷积和池化层后，通常会添加全连接层，将高维特征映射到输出类别。全连接层中的每个神经元与前一层的所有神经元相连接，学习到不同特征之间的关系。

- Softmax 层：在分类任务的最后，通常会使用 Softmax 函数将网络的输出转换为类别概率分布。Softmax 函数能够将网络输出的原始分数转化为概率值，使得输出符合概率分布的要求。

利用卷积神经网络与强化学习结合的方式，特别是在玩类似

---

❶ 对卷积神经网络感兴趣的读者可以参考其他深度学习相关书籍，也可参阅本丛书的《视觉感知：深度学习如何知图辨物》，这里就不再赘述。

Flappy Bird 这样的游戏时（图 6-6），体现了 DQN 的强大应用 ❶。以下是对这种结合方式的总结（图 6-7）。

图 6-6　Flappy Bird 游戏画面

① 问题定义和解决方案

• Flappy Bird，一个简单的游戏，玩家控制小鸟通过行动来躲避障碍物。

• 从游戏的原始像素中直接学习并做出正确的动作决策。

② 卷积神经网络的应用

• 角色：卷积神经网络用于处理游戏的视觉输入，即直接从游戏的原始像素画面中学习。

• 功能：卷积神经网络通过提取游戏画面中的关键特征（如障碍物的位置、小鸟的位置等），帮助理解当前的游戏状态。

③ 强化学习的应用

• 算法选择：采用 DQN，用于确定在给定状态下采取哪个动作能最大化预期回报。

---

❶ Chen K. Deep Reinforcement Learning for Flappy Bird. CS 229 Machine-Learning Final Projects, 2015.

• 目标：训练一个策略，使小鸟能够在游戏中存活尽可能长的时间。

④ 卷积神经网络与强化学习的结合

• 图像处理：卷积神经网络处理游戏画面，提取状态信息。

• 决策制定：强化学习根据卷积神经网络提供的状态信息来选择最优动作。

• 训练与反馈：强化学习算法通过游戏的奖励信号（比如通过障碍物得分）来调整策略，提高整体性能。

⑤ 实验和训练过程

• 数据处理：游戏的原始图像经过预处理（如缩放、灰度化）以降低计算负担。

• 网络结构：多层卷积网络用于处理视觉输入，接着是全连接层，输出动作的预期价值。

• 稳定性和效率：采用经验回放和固定的 Q 目标来提高训练的稳定性和效率。

• 优化：通过调整网络结构、学习率等参数来优化性能。

⑥ 结果与应用

• 性能评估：利用平均得分和最高得分来评估模型的性能。

• 潜在应用：这种结合 CNN 和 RL 的方法不仅适用于游戏，还可以扩展到其他需要视觉识别和决策制定的领域。

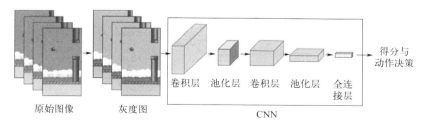

图 6-7 基于卷积神经网络的深度强化学习示意图

## 6.3.2 代码

用 DQN 解决视觉输入环境（如 Breakout 问题）的代码。这部分代码与 DQN-1 类似，主要区别在于 Q 网络的结构、环境的包装以及 replay buffer 的结构不同。

```python
class QNetwork(nn.Module):
    # 定义卷积神经网络
    def __init__(self, env):
        super().__init__()
        self.network = nn.Sequential(
            nn.Conv2d(4, 32, 8, stride=4),
            nn.ReLU(),
            nn.Conv2d(32, 64, 4, stride=2),
            nn.ReLU(),
            nn.Conv2d(64, 64, 3, stride=1),
            nn.ReLU(),
            nn.Flatten(),
            nn.Linear(3136, 512),
            nn.ReLU(),
            nn.Linear(512, env.action_space.n),
        )

    def forward(self, x):
        if len(x.shape)==3:
            x = x.unsqueeze(0)
        return self.network(x / 255.0)

def make_env(env_id, seed, idx, capture_video, run_name):
    # 创建环境
    if capture_video and idx == 0:
        env = gym.make(env_id, render_mode="rgb_array") #
RGB 输入
```

```
        env = gym.wrappers.RecordVideo(env, f"videos/{run_
name}")# 录制视频
    else:
        env = gym.make(env_id)
    env = gym.wrappers.RecordEpisodeStatistics(env)
    env = gym.wrappers.ResizeObservation(env, (84, 84))
    env = gym.wrappers.GrayScaleObservation(env) #
resize 和灰度处理
    env = gym.wrappers.FrameStack(env, 4) # 每 4 帧并作 1
帧
    env.action_space.seed(seed)

return env
```

replay buffer 的初始化方法有所不同，需考虑视觉格式。

```
class ReplayBuffer:

    def__init__(self, obs_dim: int, size: int, batch_
size: int = 32):
        self.obs_buf = np.zeros([size]+obs_dim, dtype=np.
float32) # 观测 buffer 不同
        self.next_obs_buf = np.zeros([size]+obs_dim,
dtype=np.float32)# 观测 buffer 不同
        self.acts_buf = np.zeros([size], dtype=np.
float32)
        self.rews_buf = np.zeros([size], dtype=np.
float32)
        self.done_buf = np.zeros(size, dtype=np.float32)
        self.max_size, self.batch_size = size, batch_
size
        self.ptr, self.size, = 0, 0
```

以下代码可以在 ipynb 文件中实现视频的播放。

```python
import base64
import glob
import io
import os

from IPython.display import HTML, display

def ipython_show_video(path: str) -> None:
    """ 在 Ipython Notebook 中显示 path 对应的视频 """
    if not os.path.isfile(path):
        raise NameError("Cannot access: {}".
format(path))

    video = io.open(path, "r+b").read()
    encoded = base64.b64encode(video)

    display(HTML(
        data="""
        <video width="320" height="240" alt="test"
controls>
        <source src="data:video/mp4;base64,{0}"
type="video/mp4"/>
        </video>
        """.format(encoded.decode("ascii"))
    ))

def show_latest_video(video_folder: str) -> str:
    """Show the most recently recorded video from video
folder."""
    list_of_files = glob.glob(os.path.join(video_folder,
"*.mp4"))
```

```
    latest_file = max(list_of_files, key=os.path.getctime)
    ipython_show_video(latest_file)
    return latest_file

latest_file = show_latest_video(video_folder=video_
folder)
print("Played:", latest_file)
```

　　用卷积神经网络作为 Q function 的 DQN 算法在 Breakout-v5
环境中训练 10M 步的结果，在 tensorboard 中绘制，如下图所示。

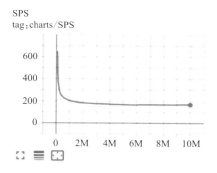

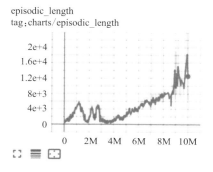

　　SPS 表示平均每秒的步数，逐渐降低并趋于稳定说明策略趋
于稳定，与 episode_length 配合可以得知策略能力逐渐增强，每个

episode 的长度稳定增加，如图所示。

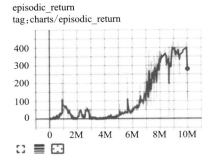

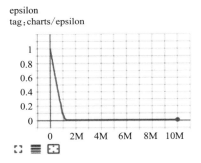

episode_return 直观地显示了平均每回合的奖励，可以看出，卷积 DQN 的学习难度远远高于 MLP-DQN。同样，epsilon 的递减说明策略逐渐趋于利用而非探索，如下图所示。

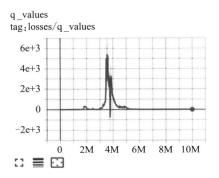

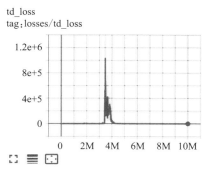

td_loss
tag：losses/td_loss

损失函数为 td_loss，基本保持稳定；q_values 则显示每轮 Q 值的平均值，在策略稳定时均保持在 0 附近。

# 6.4  DQN 的改进

在 DQN 的基础上提出了不少的改进算法，比如 DeepMind 提出的 Rainbow 模型，将多种改进技术集成在一起❶。这里介绍两种比较常见的算法。

在标准 DQN 中，目标 Q 值的更新依赖于两个步骤的操作，即选择最大 Q 值的动作和估计这个动作的 Q 值，这两个步骤都使用同一个网络（目标网络）。但是，由于神经网络估计的 Q 值通常存在误差，这种结构容易导致对 Q 值的过高估计。特别是在状态下所有动作的真实 Q 值接近或相等时，网络倾向于偏向那些偶然获得较高估计的动作，从而产生过高估计。

Double DQN（double deep Q-network）是对传统 DQN 算法的一个重要改进，它的核心思想是使用两个独立的神经网络来分别

---

❶ Hessel M, Modayil J, Van H H, et al. Rainbow: Combining Improvements in Deep Reinforcement Learning. In Proceedings of the AAAI Conference on Artificial Intelligence, 2018.

处理这两个步骤，从而减少 DQN 中的过高估计问题，即：

• 动作选择：使用训练网络（或行为网络）来选择具有最大估计 Q 值的动作。

• Q 值估计：使用目标网络来估计选定动作的 Q 值。

这样，即使训练网络在某些动作上出现了过高估计，由于使用目标网络来估计这些动作的实际 Q 值，这种过高估计的影响就会减少。

Double DQN 的优势体现在以下几个方面：

• 减少过高估计：通过分离动作选择和 Q 值估计的过程，Double DQN 能更准确地估计 Q 值，减少过高估计的问题。

• 提高稳定性和性能：由于减少了过高估计的风险，Double DQN 通常比传统的 DQN 在许多任务中表现得更稳定，能够更快地收敛到更优的策略。

• 易于实现：Double DQN 的实现仅需要对标准 DQN 进行小的修改，即使用两个网络分别进行动作选择和 Q 值估计。

Dueling DQN 是基于传统 DQN 的一个重要改进，它通过对神经网络架构的微小改动实现了显著的性能提升。Dueling DQN 的关键创新在于将 Q 值的估计分解为两个独立部分：状态价值函数和优势函数。

• 状态价值函数：表示在给定状态下，智能体的预期回报。它不依赖于特定的动作选择。

• 优势函数（advantage function）：优势函数是指动作价值函数减去状态价值函数的结果，表示在状态 s 下选择动作相对于其他动作的相对优势。在一个状态下，所有动作的优势函数之和为 0。

这两个函数通常通过一个共享的神经网络前几层进行特征提取，然后通过两个不同的网络分支进行计算。最后，Dueling DQN 的输出 Q 值是这两个函数的总和。

在许多强化学习问题中，状态的价值比动作的价值更重要。首先，Dueling DQN 通过独立估计状态价值，使得网络可以更高效地学习那些与特定动作关联不大的状态。

此外，由于状态价值函数在每次更新中都会被调整，这种更新对所有动作的 Q 值都有影响，与传统 DQN 相比，这种方法可以更频繁且准确地学习状态价值。

最后，在某些环境中，智能体的最佳策略可能不太依赖于具体的动作选择。Dueling DQN 通过分别建模状态价值和动作价值，能更好地处理这些情况。

总之，Dueling DQN 的设计思想体现了对强化学习中状态价值和动作价值的深入理解。它不是简单地优化整体 Q 值，而是分别对状态价值和动作价值进行建模和学习，这种结构上的改进使得 Dueling DQN 在许多强化学习任务中的表现优于传统 DQN。

# 第 **7** 章

# 策略学习

# 7.1 策略梯度算法

## 7.1.1 策略梯度原理

在强化学习中，通常使用价值函数或策略函数来表示智能体在环境中的行为。到目前为止，本书所探讨的算法都是基于价值（value-based），即状态值或动作值。然而，除了值函数，还可以使用基于策略（policy-based）的函数来表示智能体在给定状态下选择不同动作的概率分布。

基于策略的方法需要将策略参数化，并且假设目标策略 $\pi_\theta$ 是一个处处可微的函数策略，$\theta$ 表示策略的参数。函数逼近的概念可以很好地解决这个问题，即将策略表示为参数化的函数。用 $\pi(a \mid s, \theta)$ 表示策略函数，其中 $\theta$ 是一个参数向量。

策略函数表示了在给定状态下选择不同动作的概率，而参数 $\theta$ 则可以通过学习得到。这样的函数表示法可以更好地处理大型状态或动作空间，因为参数的维度通常远小于状态的数量。

引入函数逼近的一个重要优势是可以使用策略梯度方法（policy gradient methods）来寻找最优策略。通过优化某些标量指标，可以调整策略函数的参数，使得智能体的性能最大化。这是与之前章节中基于价值的方法的一个重要区别，因为这些方法需要估计状态值或动作值以获得最优策略。

策略梯度方法是强化学习中的一类重要算法，它们直接对策略本身进行参数化并优化，以最大化期望回报。这些方法的核心在于使用梯度来更新策略的参数。

在处理连续状态和动作空间时表格表示法不再适用，而函数表示法仍然可以有效地处理。因此，策略梯度方法为在更复杂的环境中实现智能体的最优行为提供了一种强大的工具。

策略学习的目标函数定义为：

$$J(\theta) = E_{s_0}[v_{\pi\theta}(s_0)]$$

式中，$v_{\pi\theta}(s_0)$ 表示在初始状态 $s_0$ 下，遵循策略 $\pi_\theta$ 的状态价值。这个目标函数是期望回报的数学表达，它表示如果智能体在遵循策略 $\pi_\theta$ 的情况下，从初始状态开始长期累积奖励的期望值。

为了找到最优策略，需要对目标函数 $J(\theta)$ 关于策略参数 $\theta$ 的梯度进行计算，这个梯度指明了在参数空间中如何调整 $\theta$ 以增加期望回报。

与梯度下降用于最小化函数不同，梯度上升用于最大化函数。在策略梯度方法中，使用梯度上升来更新参数 $\theta$，从而提高策略的期望回报。

策略梯度定理（policy gradient theorem）表明梯度 $\nabla_\theta J(\theta)$ 可以通过考虑动作概率的对数的梯度和获得的回报来估计，它提供了一种估计策略梯度的有效方法。目标函数 $J(\theta)$ 对策略参数 $\theta$ 的梯度可以表示为：

$$\nabla_\theta J(\theta) \propto E_{\pi_\theta} \left[ q_{\pi_\theta}(s, a) \nabla_\theta \ln \pi_\theta(a|s) \right]$$

式中，$\nabla_\theta \ln \pi_\theta(a|s)$ 是策略概率的对数的梯度；$q_{\pi_\theta}(s, a)$ 是在状态 $s$ 采取动作 $a$ 下的动作价值函数；符号"$\propto$"代表"成正比"或"与……成比例" ❶。

---

❶ 在数学公式中，符号"$\propto$"代表"成正比"或"与……成比例"。当两个变量之间的关系用这个符号表示时，意味着一个变量是另一个变量的常数倍。例如，如果说 $y \propto x$，这表示 $y$ 和 $x$ 之间存在线性关系，且 $y$ 是 $x$ 的某个常数倍。数学上，这可以表达为 $y = kx$，其中，$k$ 是一个常数。这个关系表明，当 $x$ 增加时，$y$ 也按照固定的比例增加，反之亦然。

策略梯度定理的直观意义在于，它将策略的改进方向与每个动作的价值的"好""坏"联系起来。如果一个动作在某状态下带来的期望回报较高，那么这个定理可以告之应该增大在这种状态下采取这个动作的概率。

策略梯度定理在基于策略的强化学习算法中非常重要，因为它提供了一种方法来直接通过梯度上升更新策略参数，从而最大化累积奖励。这使得策略梯度方法能够有效地应用于连续动作空间和复杂的决策过程。

然而，由于梯度估计是通过有限的样本进行的，因此策略梯度方法可能面临学习的不稳定性和方差较大的问题。通过一些技术，如基线、重要性采样等，可以尝试提高学习的稳定性。

策略梯度方法特别适用于动作空间非离散或非常大的情况，例如机器人控制、自动驾驶车辆等领域，其中动作可以是连续的或有很多可选项。

## 7.1.2　REINFORCE 算法

罗纳德·威廉姆斯（Ronald J. Williams）于 1992 年提出了 REINFORCE 算法[1]。它是一种基于策略的强化学习方法，它直接对策略函数进行优化，而不是先估计价值函数。REINFORCE 算法利用策略梯度方法，通过优化策略的参数来最大化预期回报。

REINFORCE 这个名称的确是由几个关键词的首字母组成的一个缩写，它代表的完整含义是："reward increment = nonnegative factor × offset reinforcement × characteristic eligibility"。

---

[1] Williams R J. Simple Statistical Gradient-Following Algorithms for Connectionist Reinforcement Learning. Machine Learning, 1992, 8: 229-256.

其中：

- 奖励增量（reward increment）：指的是对策略参数进行调整以增加获得的回报。

- 非负因子（nonnegative factor）：这通常是指学习率，它决定了在梯度方向上参数更新的步长。

- 偏移强化（offset reinforcement）：这指的是在计算梯度时使用的回报减去某个基线值，这个基线可以是平均回报或状态价值函数等，用于减小估计的方差。

- 特征资格（characteristic eligibility）：它描述的是一个特定状态-动作对的可能性，通常通过策略网络的输出概率和对数概率的梯度来表示。

REINFORCE 算法原理：

- 策略表示：REINFORCE 算法使用参数化的策略来选择动作。这种策略通常是用神经网络实现的，其中网络的参数（比如权重和偏差）定义了策略的行为。

- 策略优化：目标是找到最优的策略参数，这些参数能够最大化长期累积奖励的期望值。为了实现这一点，REINFORCE 算法使用梯度上升方法来调整策略参数。

- 梯度估计：策略梯度定理提供了一种计算策略梯度的方法。REINFORCE 算法通过执行策略并记录结果（状态、动作和奖励）来估计这个梯度。梯度的估计基于每个动作对应的回报和策略函数对参数的梯度。

REINFORCE 算法的流程：

- 初始化策略：首先，初始化策略 $\pi$ 的参数。这个策略通常是用一个神经网络来实现，其中网络的参数（比如权重和偏差）定义了策略的行为。

- 生成回合，并对于每个回合：

① 从初始状态或随机状态开始。

② 生成轨迹。按照当前策略 $\pi$，在环境中生成完整的回合。在每个时间步中，根据策略选择动作，并观察下一个状态和获得的奖励。记录整个回合中的状态、动作和奖励。

- 计算回报：对于回合中的每一步，计算从当前时间步到回合结束的总回报。这通常通过对未来的奖励进行折扣求和得到。

- 策略梯度估计：使用策略梯度定理来估计策略梯度。对于回合中的每一步进行梯度估计，即计算策略的梯度，使用动作概率的对数和对应的回报。梯度可以表示为：

$$\nabla_\theta \log \pi_\theta \left( a_t \mid s_t \right) G_t$$

式中 $G_t$ 是从时间步 $t$ 开始的折扣奖励。

- 更新策略：根据收集的数据更新策略。调整策略参数以增加获得高回报回合中采取的动作的概率。参数更新可以表示为：

$$\theta = \theta + \alpha \nabla_\theta \log \pi_\theta \left( a_t \mid s_t \right) G_t$$

- 重复以上步骤，直到策略收敛或达到一定的迭代次数。

REINFORCE 算法的特点和限制：

- 优点：REINFORCE 算法直接对策略进行优化，不需要值函数的估计，可以在连续动作空间中使用。

- 局限性：它可能需要大量的回合来收敛，因为每次更新只使用一个回合的数据，且策略梯度估计可能具有高方差。

- 改进：可以通过使用基线（如状态价值函数）来减小估计梯度的方差，或者使用更高级的策略梯度方法（如 Actor-Critic 方法）进行改进。

总之，REINFORCE 算法是理解策略梯度方法的一个重要基础，并为更复杂的强化学习算法奠定了基础。

## 7.1.3 代码

以下是 REINFORCE 算法在倒立摆任务中的实现。

```python
from __future__ import annotations

import random

import matplotlib.pyplot as plt
import numpy as np
import pandas as pd
import seaborn as sns
import torch
import torch.nn as nn
from torch.distributions.normal import Normal

import gymnasium as gym

plt.rcParams["figure.figsize"] = (10, 5)
```

```python
# 策略网络

class Policy(nn.Module):
    """ 参数化的策略网络 """

    def __init__(self, obs_space_dims: int, action_
space_dims: int):
        """ 初始化一个神经网络，用于估计从正态分布中采样的
动作的均值和标准差

        Args:
            obs_space_dims: 观测空间的维度
```

```
            action_space_dims: 动作空间的维度
        """
        super().__init__()
        hidden_space1 = 16
        hidden_space2 = 32

        # 共享网络
        self.shared_net = nn.Sequential(
            nn.Linear(obs_space_dims, hidden_
space1),
            nn.Tanh(),
            nn.Linear(hidden_space1, hidden_
space2),
            nn.Tanh(),
        )

        # 策略均值的线性层
        self.policy_mean_net = nn.Sequential(
            nn.Linear(hidden_space2, action_space_
dims)
        )

        # 策略标准差的线性层
        self.policy_stddev_net = nn.Sequential(
            nn.Linear(hidden_space2, action_space_
dims)
        )

    def forward(self, x: torch.Tensor) ->
tuple[torch.Tensor, torch.Tensor]:
        """ 给定观察值，返回从正态分布中采样的动作的均值和
标准差
```

```
    Args:
        x: 环境的观察值

    Returns:
        action_means: 正态分布的预测均值
        action_stddevs: 正态分布的预测标准差
    """
    shared_features = self.shared_net(x.float())

    action_means = self.policy_mean_net(shared_
features)
    action_stddevs = torch.log(
        1 + torch.exp(self.policy_stddev_
net(shared_features))
    )

    return action_means, action_stddevs
```

初始化一个智能体，它通过 REINFORCE 算法学习策略以解决倒立摆任务（Inverted Pendulum v4）。

```
# 构建智能体
class REINFORCE:
    """REINFORCE 算法 """

    def __init__(self, obs_space_dims: int, action_
space_dims: int):
        """

        Args:
            obs_space_dims: 观测空间的维度
            action_space_dims: 动作空间的维度
        """
```

```python
        # 超参数
        self.lr = 1e-4   # 策略优化的学习率
        self.gamma = 0.99  # 折扣因子
        self.eps = 1e-6   # 用于数学稳定性的小数

        self.probs = []  # 存储采样动作的概率值
        self.rewards = []   # 存储对应的奖励

        self.net = Policy(obs_space_dims, action_
space_dims)
        self.optimizer = torch.optim.AdamW(self.
net.parameters(), lr=self.lr)


    def sample_action(self, state: np.ndarray) ->
float:
        """ 根据策略和观测值返回一个动作

        Args:
            state: 环境的观测值

        Returns:
            action: 执行的动作
        """
        state = torch.tensor(np.array([state]))
        action_means, action_stddevs = self.
net(state)

        # 从预测的均值和标准差创建一个正态分布，并采样一
个动作
        dist = Normal(action_means[0] + self.eps,
action_stddevs[0] + self.eps)
```

```
            action = dist.sample()
            prob = dist.log_prob(action)

            action = action.numpy()

            self.probs.append(prob)

        return action
    def update(self):
        """ 更新策略网络的权重 """
        running_g = 0
        gs = []

        # 折扣回报（向后计算）- [::-1] 将数组倒序排列
        for R in self.rewards[::-1]:
            running_g = R + self.gamma * running_g
            gs.insert(0, running_g)

            deltas = torch.tensor(gs)

        loss = 0
        # 最小化 -1 * prob * reward
        for log_prob, delta in zip(self.probs, deltas):
            loss += log_prob.mean() * delta * (-1)

        # 更新策略网络
        self.optimizer.zero_grad()
        loss.backward()
        self.optimizer.step()

        # 清空 / 重置与每个回合相关的变量
        self.probs = []
        self.rewards = []
```

使用 REINFORCE 算法训练策略，以完成倒立摆的任务。

```
# 以下是训练过程的概述：
对于每个随机种子，重新初始化智能体
        对于每个回合，直到回合结束，根据当前观察采样动作
                执行动作，获得奖励和下一个观察结果
                存储采取的动作、其概率和观察到的奖励
        更新策略
```

注意：在许多常见的情况下，深度强化学习对随机种子非常敏感，因此，测试不同的种子非常重要。

```
# 创建并包装环境
env = gym.make("InvertedPendulum-v4")
wrapped_env = gym.wrappers.RecordEpisodeStatistics(env,
50)  # 记录每回合的奖励


total_num_episodes = int(5e3)  # 总回合数
# InvertedPendulum-v4 的观察空间维度 (4)
obs_space_dims = env.observation_space.shape[0]
# InvertedPendulum-v4 的动作空间维度 (1)
action_space_dims = env.action_space.shape[0]
rewards_over_seeds = []


for seed in [1, 2, 3, 5, 8]:  # Fibonacci 种子
    # 设置种子
    torch.manual_seed(seed)
    random.seed(seed)
    np.random.seed(seed)


    # 每个种子重新初始化智能体
    agent = REINFORCE(obs_space_dims, action_space_dims)
    reward_over_episodes = []
```

```
    for episode in range(total_num_episodes):
        # gymnasium v26 要求用户在重置环境时设置种子
        obs, info = wrapped_env.reset(seed=seed)

        done = False
        while not done:
            action = agent.sample_action(obs)

            # 步骤返回类型 - `tuple[ObsType,
SupportsFloat, bool, bool, dict[str, Any]]`
            # 表示下一个观察结果、步骤的奖励、是否终止了
回合、是否截断了回合，以及步骤的其他信息
            obs, reward, terminated, truncated, info
= wrapped_env.step(action)
            agent.rewards.append(reward)

            # 当截断或终止为真时，结束回合
            # - 截断：回合持续时间达到最大时间步数
            # - 终止：任何状态空间值不再是有限的
            done = terminated or truncated

        reward_over_episodes.append(wrapped_env.
return_queue[-1])
        agent.update() # 智能体更新

        if episode % 1000 == 0:
            avg_reward = int(np.mean(wrapped_env.
return_queue))
            print("回合:", episode, "平均奖励:",
avg_reward)

    rewards_over_seeds.append(reward_over_episodes)
```

```
# 绘制学习曲线
rewards_to_plot = [[reward[0] for reward in rewards]
for rewards in rewards_over_seeds]
df1 = pd.DataFrame(rewards_to_plot).melt()
df1.rename(columns={"variable": "episodes", "value":
"reward"}, inplace=True)
sns.set(style="darkgrid", context="talk",
palette="rainbow")
sns.lineplot(x="episodes", y="reward", data=df1).set(
    title="REINFORCE for InvertedPendulum-v4"
)
plt.show()
```

结果显示：

```
Episode: 0 Average Reward: 8
Episode: 1000 Average Reward: 38
Episode: 2000 Average Reward: 83
Episode: 3000 Average Reward: 120
Episode: 4000 Average Reward: 162
Episode: 0 Average Reward: 225
Episode: 1000 Average Reward: 22
Episode: 2000 Average Reward: 53
Episode: 3000 Average Reward: 119
Episode: 4000 Average Reward: 146
Episode: 0 Average Reward: 206
Episode: 1000 Average Reward: 15
Episode: 2000 Average Reward: 36
Episode: 3000 Average Reward: 213
Episode: 4000 Average Reward: 838
Episode: 0 Average Reward: 704
Episode: 1000 Average Reward: 19
Episode: 2000 Average Reward: 51
```

```
Episode: 3000 Average Reward: 109
Episode: 4000 Average Reward: 213
Episode: 0 Average Reward: 916
Episode: 1000 Average Reward: 20
Episode: 2000 Average Reward: 77
Episode: 3000 Average Reward: 133
Episode: 4000 Average Reward: 238
```

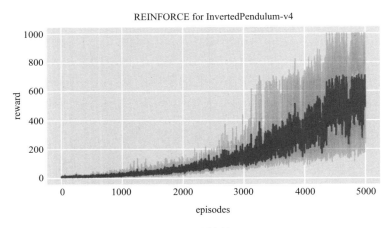

图 7-1　训练结果

图 7-1 给出了用 REINFORCE 算法在 InvertedPendulum-v4 环境的 5 个种子上训练 5000 轮后的平均结果。

# 7.2　Actor-Critic 算法

## 7.2.1　原理

在强化学习领域中，基于价值函数的方法专注于学习一个状态或状态 - 动作对的价值函数，而基于策略的方法则专注于学习一个策略函数，即在给定状态下选择动作的规则。Actor-Critic 是一种将基于价值函数的方法和基于策略的方法结合起来的强化学习方法。

Actor-Critic 方法强调的结构包含了两部分：执行者（Actor）和评价者（Critic），二者协同工作以优化策略。

执行者指的是策略更新部分。之所以称为"执行者"，是因为这一部分直接与环境互动，涉及根据策略来采取行动。执行者基于当前策略执行动作，并根据评价者的反馈来调整和优化这一策略。

评价者指的是策略评估或价值估计部分。之所以称为"评价者"，是因为它通过评估来"批判"或"评价"执行者采取的策略。评价者的任务是估计当前策略的价值，通常是通过计算状态价值函数或动作价值函数来实现。评价者通过评估当前策略的好坏，向执行者提供反馈，帮助执行者更有效地学习和改进策略。

相比纯策略梯度方法，Actor-Critic 方法通常学习更快，因为评价者的价值估计可以减小策略更新时的方差。通过结合策略优化和价值估计，可以在探索和利用之间取得更好的平衡，从而提高算法的稳定性和可靠性。Actor-Critic 方法适用于各种复杂的环境，包括连续动作空间和大规模状态空间，适用于多种复杂的强化学习问题。

Actor-Critic 方法依据梯度定理更新参数，策略梯度方法通过反复估计梯度来最大化预期的总奖励。对于策略梯度，存在几种不同但相关的表达式，其形式如下 ❶：

$$g = E\left[\sum_{t=0}^{\infty} \psi_t \, \nabla_\theta \, \log \boldsymbol{\pi}_\theta \, (a_t \mid s_t)\right]$$

---

❶ Schulman J, Moritz P, Levine S, et al. High-Dimensional Continuous Control Using Generalized Advantage Estimation. arXiv preprint arXiv, 2015, 1506: 02438.

式中，$\Psi_t$ 可以是以下的某种形式：

① $\sum\limits_{t=0}^{\infty} r_t$：轨迹的总奖励，此处默认折扣率为 1；

② $\sum\limits_{t'=t}^{\infty} r_{t'}$：在执行动作 $a_t$ 之后的奖励；

③ $\sum\limits_{t'=t}^{\infty} r_{t'} - b(s_t)$：上述公式的基线版本；

④ $q_\pi(s_t, a_t)$：状态 - 动作值函数；

⑤ $A_\pi(s_t, a_t)$：优势函数；

⑥ $r_t + v_\pi(s_{t+1}) - v_\pi(s_t)$：时序差分残差。

在 REINFORCE 中，策略的更新依赖于蒙特卡洛采样方法，以估计整个轨迹的回报，涉及的 $\Psi_t$ 为上述形式的第② 项，尽管对策略梯度的估计是无偏的，但这使得算法只能在完整的回合结束后进行更新，并且可能导致较高的方差。

为了减小方差，可以使用上述形式的第③ 项，通过引入基线函数 $b(s_t)$ 减小方差。当然，也可以通过上述形式的第④项，引入状态 - 动作对价值函数来替代蒙特卡洛的采样方法。第⑤项中 $\Psi_t$ 是优势函数，则说明将状态价值函数作为基线，从状态价值函数中减去。第⑥项说明在策略梯度更新中，利用了时序差分的原理，可以在每一步后进行更新，避免了 REINFORCE 等算法中的只能在回合结束后才能更新的情形。

Actor-Critic 方法是强化学习领域中一种非常有效的算法，它通过策略网络和价值网络共同工作以优化强化学习的策略。

① 策略网络

• 交互学习：Actor 的主要任务是与环境交互并选择动作，它通过策略梯度方法来学习和优化策略。

• 策略梯度：策略梯度通常使用策略梯度定理来计算，其核心思想是增加获得高回报动作的概率，减少获得低回报动作的概率。

② 价值网络

• 学习价值函数：Critic 通过 Actor 与环境的交互数据来学习价值函数，它评估当前策略下，给定状态的价值以及不同动作的好坏。

• 时序差分（TD）学习：Critic 使用时序差分学习来更新价值函数，它的目标是减小实际奖励和价值预测之间的差异。

• 损失函数：对于单个数据，Critic 的损失函数可以定义为

$$L(\omega) = \frac{1}{2} \Big[ r + \gamma v_\omega (s_{t+1}) - v_\omega (s_t) \Big]^2$$

• 参数更新：Critic 的参数 $\omega$ 通过梯度下降方法更新，以减小损失函数，价值函数的梯度为

$$\nabla_\omega L(\omega) = - \Big[ r + \gamma v_\omega (s_{t+1}) - v_\omega (s_t) \Big] \nabla_\omega v_\omega (s_t)$$

在 Actor-Critic 算法中，策略网络和价值网络的参数是分开更新的，以此来同时学习一个有效的策略和对环境的准确价值估计。这个算法的流程可以进一步详细说明。

① 初始化参数

• 策略网络参数 $\theta$：这些参数定义了策略网络。策略网络负责根据当前状态生成动作的概率分布。

• 价值网络参数 $\omega$：这些参数定义了价值网络。价值网络负责估计给定状态的价值。

② 对于每个回合

• 采样轨迹：使用当前的策略网络 $\pi_\theta$ 来采样一个完整的轨迹。这个轨迹包括状态 $s_t$，在这些状态下采取的动作 $a_t$，以及相应的奖励 $r_t$。

• 计算 TD 残差：对每个时间步 $t$，计算 TD 残差 $\delta_t = r_t + \gamma v_\omega(s_{t+1}) - v_\omega(s_t)$,TD 残差反映了实际奖励与价值估计之间的差异。

- 更新价值网络参数 $\omega$：使用梯度下降法更新价值网络参数，更新规则为 $\omega = \omega + \alpha_\omega \sum_t \delta_t \nabla_\omega v_\omega(s_t)$，其中 $\alpha_\omega$ 是价值网络的学习率。

- 更新策略网络参数 $\theta$：使用梯度上升法更新策略网络参数，更新规则为 $\theta = \theta + \alpha_\theta \sum_t \delta_t \nabla_\theta \log \pi_\theta(a_t|s_t)$，$\alpha_\theta$ 是策略网络的学习率。

在 Actor-Critic 算法中，终止条件可以根据具体的应用场景和任务需求来设定。通常，算法的终止条件可以基于以下几个方面来确定：

① 性能标准。算法可能在达到某个预定的性能水平后终止，这可以是对应于环境中特定任务的目标，如一定程度的奖励阈值或特定任务的成功率。

② 收敛标准。如果策略和/或价值函数的参数变化在一定范围内趋于稳定，或者策略的性能不再显著提高，这通常被视为算法已经收敛，可以终止。

③ 最大回合数。算法可能在执行了预定数量的回合或迭代次数后终止，这个标准确保了算法不会无限期地运行，特别是在那些难以达到明显收敛的复杂环境中。

④ 计算资源限制。在实际应用中，算法的运行可能受到时间或计算资源的限制。因此，可以设置一个最大运行时间或计算资源使用量，达到这个限制后终止算法。

⑤ 手动干预。在某些情况下，算法的终止可能取决于用户的判断和手动干预，特别是在研究和实验环境中，研究人员可能会根据算法的运行情况和中间结果来决定何时停止。

总的来说，Actor-Critic 算法的终止条件应当根据具体的任务目标、环境特性和实际的应用需求来设定。在实践中，可能需要结合多个终止标准来确保算法既有效率又有用。

## 7.2.2　环境：LunarLander

如图 7-2 所示为 LunarLander-v2 环境。

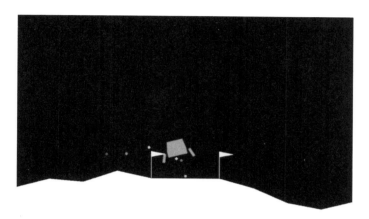

图 7-2　LunarLander-v2 环境

OpenAI Gym 的 LunarLander-v2 是一个模拟环境，模拟了在月球表面着陆的任务。在这个环境中，主要目标是将月球着陆器安全地降落在代表指定着陆区的两面旗帜之间。该模拟提供了月球着陆的真实体验，考虑到了各种物理和环境因素。

LunarLander-v2 环境提供八个观测值，代表着陆器在任意给定时刻的状态。

- 水平位置 ($x$)：着陆器的 $x$ 坐标，表示其水平位置。
- 垂直位置 ($y$)：着陆器的 $y$ 坐标，代表其离表面的高度。
- 水平速度：着陆器水平移动的速度。
- 垂直速度：着陆器垂直移动的速度。
- 角度：着陆器相对于垂直位置的方向角。
- 角速度：角度变化率，表示着陆器的旋转速度。
- 腿 1 触地：一个二进制指示器，表示着陆器的第一条腿是否接触到地面。

• 腿 2 触地：一个二进制指示器，表示着陆器的第二条腿是否接触到地面。

操作月球着陆器的智能体可以采取四种可能的离散动作来控制着陆器的移动。

• 0 - 不采取任何行动：着陆器不激活任何推进器，沿着当前轨迹滑行。

• 1 - 向左喷射定向引擎：激活推进器，使着陆器倾斜或向左移动。

• 2 - 启动主引擎：启动主引擎，减缓垂直下降速度或上升。

• 3 - 向右喷射定向引擎：激活推进器，使着陆器倾斜或向右移动。

智能体采取的每个动作都会影响着陆器的速度、位置和方向，使得安全着陆的任务成为一个具有挑战性和动态性的问题，需要仔细规划和执行。在这个环境中的成功是通过着陆器能否在指定区域内轻柔着陆而不是坠毁或翻倒来衡量的。这是一个丰富的环境，用于尝试不同的强化学习算法和策略，以培养能够掌握精细月球着陆技术的智能体。

## 7.2.3　代码

以下是用 Actor-Critic 方法解决 LunarLander 问题的代码。通过调节两个火箭喷气多少，玩家可以控制一台飞船在月球上登陆。

```
import gym
import numpy
import torch
import torch.nn as nn
import torch.nn.functional as F
import torch.optim as optim
```

```
from torch.distributions import Categorical  # 导入
Categorical 分布

# 定义超参数
learning_rate = 0.0002  # 学习率
gamma = 0.98  # 训练过程中的折扣因子
n_rollout = 10  # 每轮训练的步数
MAX_EPISODE = 10000  # 最大训练轮数
RENDER = True  # 是否渲染

# 创建环境
env = gym.make('LunarLander-v2')  # 创建一个
LunarLander-v2 环境
env = env.unwrapped  # 解包环境
env.seed(1)  # 设置环境随机种子
torch.manual_seed(1)  # 设置 torch 的随机种子

# 输出环境信息
print("env.action_space :", env.action_space)  # 输出动
作空间
print("env.observation_space :", env.observation_space)
# 输出观察空间

# 获取环境特征数量及行动数量
n_features = env.observation_space.shape[0]
n_actions = env.action_space.n


# 定义模型
class ActorCritic(nn.Module):
    def __init__(self):
        super(ActorCritic, self).__init__()  # 调用父类初
始化方法
```

```python
        self.data = []    # 初始化存储数据的列表

        hidden_dims = 256    # 定义隐藏层维数
        self.feature_layer = nn.Sequential(nn.
Linear(n_features, hidden_dims),    # 定义输入层到隐藏层的
线性变换
        nn.ReLU())    # 定义激活函数为 ReLU

        self.fc_pi = nn.Linear(hidden_dims, n_
actions)    # 定义 actor 网络
        self.fc_v = nn.Linear(hidden_dims, 1)    # 定义
critic 网络
        self.optimizer = optim.Adam(self.
parameters(), lr=learning_rate)    # 定义优化器为 Adam

    def pi(self, x):    # 定义 actor 网络的前向传播
        x = self.feature_layer(x)    # 输入层到隐藏层的线
性变换
        x = self.fc_pi(x)    # 隐藏层到输出层的线性变换
        prob = F.softmax(x, dim=-1)    # 使用 softmax 函
数得到动作的概率分布
        return prob

    def v(self, x):    # 定义 critic 网络的前向传播
        x = self.feature_layer(x)    # 输入层到隐藏层的线
性变换
        v = self.fc_v(x)    # 隐藏层到输出层的线性变换
        return v

    def put_data(self, transition):
        self.data.append(transition)    # 存储采样的转移
数据
```

```python
# 创建批处理
def make_batch(self):
    s_lst, a_lst, r_lst, s_next_lst, done_lst = [], [], [], [], []  #初始化存储状态、动作、回报、下一状态
    # 及是否结束的列表
    for transition in self.data:  #遍历采样的转移数据
        s, a, r, s_, done = transition  #分别获取状态、动作、回报、下一状态及是否结束的信息
        s_lst.append(s)
        a_lst.append([a])
        r_lst.append([r / 100.0])
        s_next_lst.append(s_)
        done_mask = 0.0 if done else 1.0  #创建结束标记，若采样结束，则该标记为0，否则为1
        done_lst.append([done_mask])

    # 转换数据格式
    s_batch, a_batch, r_batch, s_next_batch, done_batch = torch.tensor(numpy.array(s_lst), dtype=torch.float), torch.tensor(a_lst), torch.tensor(numpy.array(r_lst), dtype=torch.float), torch.tensor(numpy.array(s_next_lst), dtype=torch.float), torch.tensor(numpy.array(done_lst), dtype=torch.float)
    self.data = []  #清空数据
    return s_batch, a_batch, r_batch, s_next_batch, done_batch  #返回批数据

def train_net(self):  #定义网络训练函数
    s, a, r, s_, done = self.make_batch()  #获取批数据
    td_target = r + gamma * self.v(s_) * done  #计算 TD 目标
```

```python
        delta = td_target - self.v(s)   #计算 TD 误差

        pi = self.pi(s)   #计算概率
        pi_a = pi.gather(1, a)   #获取实际行动的概率
        loss = -torch.log(pi_a) * delta.detach() +
F.smooth_l1_loss(self.v(s), td_target.detach())   #计算
总体损失

        # 优化器工作流程
        self.optimizer.zero_grad()   #梯度归零
        loss.mean().backward()   #反向传播计算梯度
        self.optimizer.step()   #更新参数
```

```python
def main():   #主训练过程
    model = ActorCritic()   #创建模型实例
    print_interval = 20   #打印间隔
    score = 0.0   #初始化得分

    for n_epi in range(MAX_EPISODE):   #循环训练指定次数
        done = False   # 初始化结束标志
        s = env.reset()   #重置环境
        while not done:   #若没有结束
            for t in range(n_rollout):   #循环指定步数
                if RENDER:   #若设置了渲染
                    env.render()   #渲染环境
                prob = model.pi(torch.from_numpy(s).
float())#获取主体概率
                m = Categorical(prob)   #创建
Categorical 分布
                a = m.sample().item()   #进行采样得到
行动
```

```
                    s_next, r, done, info = env.step(a)
#执行行动，得到下一状态、回报、是否结束及其他信息
                    model.put_data((s, a, r, s_next,
done))   #存储采样数据

                    s = s_next   #状态更新
                    score += r   #更新得分

                    if done:   #若结束
                    break

                model.train_net()   #训练模型

        if n_epi % print_interval == 0 and n_epi != 0:
                print("# of episode :{}, avg score :
{:.1f}".format(n_epi, score / print_interval))   #打印训
练进度及得分
                core = 0.0   #重置得分
        env.close()   #关闭环境

if __name__ == '__main__':
    main()   #执行主训练过程
```

结果显示 ❶ ：

```
env.action_space : Discrete(2)
env.observation_space : Box([-4.8000002e+00
-3.4028235e+38 -4.1887903e-01 -3.4028235e+38],
[4.8000002e+00 3.4028235e+38 4.1887903e-01
3.4028235e+38], (4,), float32)
# of episode :20, avg score : 17.1
```

---

❶ 此处略去中间结果。

```
# of episode :40, avg score : 18.2
# of episode :60, avg score : 14.9
# of episode :80, avg score : 18.9
# of episode :100, avg score : 19.9
# of episode :120, avg score : 30.6
# of episode :140, avg score : 24.5
# of episode :160, avg score : 22.2
# of episode :180, avg score : 34.9
# of episode :200, avg score : 32.2
……
# of episode :1840, avg score : 99.3
# of episode :1860, avg score : 93.7
# of episode :1880, avg score : 99.0
# of episode :1900, avg score : 99.8
# of episode :1920, avg score : 96.9
# of episode :1940, avg score : 100.2
# of episode :1960, avg score : 98.5
# of episode :1980, avg score : 101.0
```

将结果可视化，代码如下：

```
import matplotlib.pyplot as plt
import numpy as np
def plot(epochs, scores):
        """Plot the training progresses."""
        # clear_output(True)
        plt.figure(figsize=(6, 5))
        plt.title('frame %s. score: %s' %
((epochs[-1]+1)*20, np.mean(scores[-10:])))
        plt.plot(scores)
        plt.show()
plot(epochs,scores)
```

结果显示（图 7-3）：

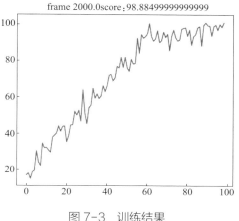

图 7-3　训练结果

从结果可以看出，用 Actor-Critic 类型的策略梯度算法在 LunarLander-v2 环境训练 2000 帧后的结果，奖励呈稳定上升趋势。

# 7.3　其他基于策略的算法

（1）A3C 和 A2C

Actor-Critic 算法是一种强化学习方法，它结合了基于策略和基于价值两种方法的优点，它通过同时学习策略（Actor）和价值函数（Critic）来指导学习过程。AC 算法以及其两种重要的变体：A2C（advantage Actor-Critic）和 A3C（asynchronous advantage Actor-Critic）。

A2C 是 AC 算法的一个改进版本，它引入了"优势函数（advantage）"的概念，用于提高学习效率和稳定性。A3C 是 AC 算法的另一个变体，它通过引入异步更新来提高稳定性和效率。在 A3C 中，多个智能体在不同的环境实例中并行工作，每个智能体都独立地更新其策略，并定期同步到全局模型。A3C 算法通常利用多线程来实现并行学习，这有助于快速探索和学习更多样化的策略。

（2）TRPO 算法

TRPO（trust region policy optimization）算法是针对传统策略梯度算法中的一个关键问题而设计的，它是约翰·舒尔曼（John Schulman）等学者在2015年提出的一个算法❶。在标准的策略梯度方法中，参数更新是沿着策略梯度 $\nabla_\theta J(\theta)$ 进行的。虽然这种方法直观且理论上有效，但在实践中面临着一些挑战，尤其是当使用深度神经网络作为策略函数时。

当利用传统策略梯度方法解决问题，并且策略网络是一个深度模型时，沿着策略梯度进行参数更新可能会导致几个问题：

• 如果步长过大，可能会导致策略突然变差，这在深度学习模型中尤为常见。策略的微小变化可能导致行为的显著变化，影响学习的稳定性。

• 更新过程可能导致策略性能的显著波动，从而影响整个学习过程的效果和稳定性。

为了解决这些问题，TRPO 算法引入了信任区域的概念，其主要思想包括：

• 信任区域：TRPO 在策略更新时考虑一个信任区域（trust region），确保每一步更新不会使策略偏离太远。这可以通过限制策略更新前后的差异来实现。

• 性能保证：TRPO 在理论上能够提供策略更新的性能单调性保证，即每次更新都不会使策略的性能变差，从而保证了学习的稳定性和可靠性。

• KL 散度限制：TRPO 通常使用 KL 散度（kullback-leibler

❶ Schulman J, Levine S, Moritz P, et al. Trust Region Policy Optimization (TRPO). CoRR abs, 2015, 1502: 05477.

divergence）来定义信任区域的大小。通过限制策略更新前后的 KL 散度，确保策略更新在一个安全的范围内。

TRPO 算法是策略梯度方法的一个重要扩展，它通过在策略更新过程中引入信任区域的概念，解决了深度策略网络中的稳定性问题。这种方法在保证策略更新安全性的同时，还能有效提升策略性能，使其在实际应用中表现出色。

（3）PPO

PPO（proximal policy optimization）算法是 TRPO（trust region policy optimization）算法的一个改进版本，旨在简化计算过程并提高学习效率，该算法是约翰·舒尔曼等人于 2017 年提出的 ❶。PPO 保留了 TRPO 的核心思想，即在更新策略时考虑信任区域，但实现上更加简洁。

PPO 算法的核心是保持策略更新的稳定性，同时减少每次更新所需的计算量。与 TRPO 使用复杂的优化方法不同，PPO 提出了更简单的替代方案。PPO 的两种主要形式如下：

• PPO- 惩罚（PPO-penalty）：在这个变体中，PPO 通过在目标函数中加入策略变化的惩罚项来保持策略更新的稳定性。惩罚项通常是策略更新前后的 KL 散度，这类似于 TRPO 中的方法，但实现更为简单。

• PPO- 截断（PPO-clip）：PPO-clip 通过限制策略更新的幅度来避免大的策略变化。这是通过"截断"策略梯度来实现的，即在策略更新时，限制策略变化的比例，保证它在一个安全的区间内。

尽管 PPO 的优化目标与 TRPO 相同，即最大化期望回报，但 PPO 采用的优化方法更为直接和简单。PPO 的目标是在保证策略

---

❶ Schulman J, Wolski F, Dhariwal P, et al. Proximal Policy Optimization Algorithms. arXiv preprint arXiv, 2017, 1707: 06347.

更新步长合理的同时，避免过于复杂的计算。

PPO 算法的主要优势如下：

- 计算效率：PPO 在保持策略性能的同时，减少了计算复杂性，这使得它在实际应用中更为高效。

- 广泛的应用性：PPO 已在多种强化学习环境和任务中表现出良好的性能，是当前最受欢迎的强化学习算法之一。

- 易于实现和调试：与 TRPO 相比，PPO 更易于实现和调试，这对于在新环境中尝试强化学习算法尤为重要。

PPO 算法因其在保持 TRPO 核心思想的同时简化了计算过程而受到广泛欢迎。它的两种主要变体——PPO- 惩罚和 PPO- 截断，提供了灵活的方式来平衡策略性能和计算复杂性。在实际应用中，PPO 因其高效、稳定且易于实现的特点，成了许多强化学习任务的首选算法。

（4）DDPG

DDPG（deep deterministic policy gradient）算法是针对具有连续动作空间的强化学习问题的一种有效解决方案，是蒂莫西·利利克拉普（Timothy Lillicrap）于 2015 年提出的 ❶。它结合了 DQN（deep Q-network）的思想和 Actor-Critic 框架，创建了一种可以处理连续动作空间并使用离线策略学习的算法。

与 REINFORCE、TRPO 和 PPO 这些学习随机性策略的算法不同，DDPG 学习一个确定性策略。在这种策略中，给定状态 $s$，策略 $\mu_\theta(s)$ 直接输出一个具体的动作 $a$。

确定性策略梯度定理提供了用于更新确定性策略参数的梯度计算方法，通过这个定理，可以用梯度上升的方法来更新策

---

❶ Lillicrap T P, Hunt J J, Pritzel A, et al. Continuous Control with Deep Reinforcement Learning. arXiv preprint arXiv,2015, 1509: 02971.

略，使得 $q\left(\text{s}, \mu_\theta\left(s\right)\right)$ 最大化。

DDPG 算法的关键组成：

· 四个神经网络：DDPG 使用四个网络，分别是两个 Actor 网络（一个用于当前策略，一个用于目标策略）和两个 Critic 网络（一个用于当前评估，一个用于目标评估）。

· 目标网络的软更新：与 DQN 中的硬更新不同，DDPG 在更新目标网络时采用软更新策略，即目标网络参数逐渐接近主网络参数。

· 探索策略：由于 DDPG 采用确定性策略，其探索能力相对有限。为了增加探索，DDPG 在策略输出上添加随机噪声，如高斯噪声。

· Double DQN 技术：为了减少 Q 值的过高估计问题，DDPG 采用了类似于 Double DQN 的技术来更新 Critic 网络。

DDPG 的主要优势如下：

· 连续动作空间：DDPG 特别适合于处理连续动作空间的问题，它可以直接给出具体的动作值，而不需要对动作空间进行离散化。

· 样本效率：虽然 DDPG 是一种基于策略的算法，但它通过使用重放缓冲区和离线更新策略来提高样本效率，这点要明显优于 REINFORCE、Actor-Critic、TRPO 和 PPO 等算法。

· 平衡探索和利用：通过在策略中添加噪声，DDPG 能够在保持确定性策略优势的同时，实现有效探索。

DDPG 算法提供了一种适用于连续动作空间的有效强化学习方法。它在许多复杂环境中表现出色，特别是在需要精确动作决策的场景中。通过其独特的网络结构和更新机制，DDPG 在实际应用中成了强化学习领域的一个重要算法。

（5）SAC

soft Actor-Critic(SAC) 算法是一种先进的稳定的离线策略强化

学习算法，特别适合处理连续动作空间的问题，它是哈尔诺亚·托马斯（Haarnoja Tuomas）等学者于 2018 年提出的 ❶。SAC 基于最大熵强化学习（maximum entropy reinforcement learning）的原理，结合了 Actor-Critic 框架的优点，并引入了熵作为额外的优化目标，以增加策略的随机性和探索性。

最大熵强化学习框架不仅最大化预期的累积奖励，还试图最大化策略的熵。熵是一个度量策略随机性的指标，高熵意味着策略更具探索性，能够更好地探索环境以发现更优的策略。

在无模型的强化学习算法中，SAC 因其高效性和稳定性而受到广泛关注。SAC 算法通过将最大熵原理和 Actor-Critic 框架相结合，提供了一种强大的强化学习方法，特别适用于连续动作空间问题。它不仅提高了样本效率和策略的探索性，还提高了算法的稳定性和适应性。因此，SAC 算法在当前的强化学习研究和实际应用中占据了重要地位。

❶ Tuomas. H. Soft Actor-Critic Algorithms and Applications. arXiv preprint arXiv, 2018, 1812: 05905, 2018.

# 附录

# 附录 A　环境设置与行为探索

## A.1　Gym 库与环境设置

OpenAI Gym 是一个用于开发和比较强化学习算法的开源库，它提供了一个统一的接口，用于与各种环境进行交互，例如游戏、控制论问题和其他模拟环境。通过使用 OpenAI Gym，研究人员和开发者可以快速地构建、测试和比较不同的强化学习算法。

OpenAI Gym 库的核心组件是环境。环境提供了与智能体程序进行交互的接口，并定义了智能体程序可以采取的动作和环境的状态。通过与环境进行交互，智能体程序可以学习和改进自己的策略，以最大化预期的奖励。

OpenAI Gym 还提供了一系列已经实现的标准环境，有"经典控制问题"（classic control）和"Atari 2600 游戏"（Atari 2600 games）、Mujoco 机器人仿真等。这些环境可以用于测试和比较各种强化学习算法的性能。

如图 A-1 所示为 OpenAI Gym 环境图像 ❶。

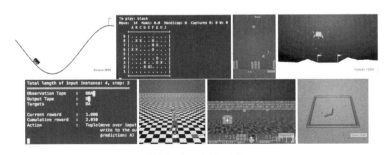

图 A-1　环境图像

---

❶ Brockman G, Cheung V, Pettersson L, et al. OpenAI Gym. arXiv, abs, 2016, 1606: 01540.

此外，OpenAI Gym 还提供了丰富的工具和函数，用于收集和分析实验数据，以及可视化训练过程和结果。它还支持多种强化学习算法，包括基于价值函数的算法和基于策略的算法。

总之，OpenAI Gym 是一个强化学习研究和开发的重要工具，它提供了一个通用的接口和丰富的环境，使得开发者可以更加方便地实现、测试和比较各种强化学习算法。OpenAI 在后续将该库升级为 gymnasium，它与 Gym 的主要区别在于 step 的返回值从四元组变成了五元组：从 status, reward, done, info = env.step(0) 到 observation, reward, terminated, truncated, info = env.step(0)，区分了 terminated 和 truncated。

那么如何在自己的电脑上配置适用于强化学习的 Python 环境呢？首先需要安装 anaconda 或 miniconda，并通过 conda 创建给定 Python 版本的环境。

```
conda create -n env_name python=3.9
```

激活该环境。

```
conda activate env_name
```

在命令行对应的文件夹中创建 requirements.txt，并在其中输入以下内容：

```
torch                           == 1.13.1
matplotlib                      == 3.5.1
pyglet                          == 1.5.15
gymnasium[classic-control]      == 0.28.1
PyVirtualDisplay                == 3.0
jupyterlab                      == 3.2.6
moviepy                         == 1.0.3
gymnasium[mujoco]
```

```
gymnasium[accept-rom-license]
seaborn
```

随后在命令行中输入以下命令等待环境安装即可。

```
pip install -r requirements.txt -i https://pypi.tuna.
tsinghua.edu.cn/simple
```

## A.2　具有人类偏好的多智能体强化学习

随着人工智能技术的飞速发展，特别是在网络物理系统（如自动驾驶汽车和无人机）的应用日益增多，如何使这些系统更加智能并且能理解及适应人类用户的偏好，成为了一个研究热点。多智能体强化学习（multi-agent reinforcement learning，MARL）就是在这一背景下应运而生的一种先进技术。多米尼克·丹尼斯等学者 2023 年的一项关于多智能体强化学习与前景理论（prospect theory）的研究为这一领域带来了新的洞见❶。

前景理论，最初由经济学家提出，用于解释人类在面对不确定性选择时的非理性行为。在多米尼克·丹尼斯和团队的研究中，这一理论被用来模拟人类在决策过程中对收益和损失评估的不同反应。通过将这种人性化的决策模式引入到机器学习模型中，研究者们试图使人工智能系统能更好地理解和预测人类用户的行为及偏好。

在多智能体强化学习环境中，多个智能体（即决策制定的算法主体）需要在共享的环境中学习如何协同工作，以达到各自的目标。多米尼克·丹尼斯的团队提出了两种算法：MA-CPT-Q 和MA-CPT-Q-WS，这两种算法都采用了前景理论来优化智能体的学

❶ Danis D, Parmacek P, Dunajsky D, et al. Multi-Agent Reinforcement Learning with Prospect Theory. In 2023 Proceedings of the Conference on Control and its Applications (CT). Society for Industrial and Applied Mathematics，2023.

习过程。智能体不仅要学会避免与障碍物碰撞，更要学会如何根据其他智能体的行为做出反应，从而在多变的环境中找到最优路径。

实验结果显示，使用前景理论优化的多智能体强化学习算法，能显著提高智能体与人类用户偏好一致性的表现。这不仅有助于减少系统操作中的冲突，还能提高系统的整体效率和用户满意度。更重要的是，这项研究还探索了如何通过"权重共享"策略，使经验较少的智能体能从经验丰富的智能体那里学习，加速学习过程。

在这篇论文的基础上，我们编程并实现了一个简单的实验环境，其中包含四个智能体，两个智能体属于理性智能体，而另外两个智能体的前景参数决定了它们是有限理性的，且更接近人类的偏好。为了保证每个智能体在偏好不同的情况下可以学习到不同的行为，实验时放弃参数共享，使用 MA-CPT-Q 算法。实验环境如图 A-2 所示。智能体们在一个 15×15 的网格下，需要学习行为，以尽快达到目标状态（图 A-2 右上角），同时避开障碍物（图 A-2 中黑色阴影框）与其他智能体的碰撞。在每一步中，智能体可以从动作集 { 上、下、左、右 } 中选择一个动作。邻近状态是指

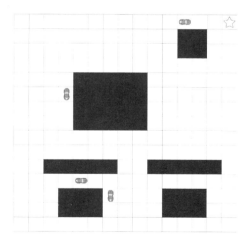

图 A-2　包含四个智能体的简单实验环境

与智能体当前状态共享边界的任何状态，我们用 Ns 来表示当前状态的邻近状态的数量。对于智能体在某个状态下采取的每个动作，它有 0.9 的概率转移到预期的下一个状态，并有 0.1/(Ns-1) 的概率转移到某个邻近状态。然而，智能体并不知道这个转移概率。

```python
def CPT_Estimation(s, totA, N_max, gamma, V, sigma, landa, eta_1, eta_2, TP, agent_idx, glb_state):
    for agent in range(n_agents):
        for s_prime_index in range(0,len(neighbors[agent])):
            p[agent][s_prime_index] = TP[totA[agent_idx]][glb_state[agent],neighbors[agent][s_prime_index]]

    for ii in range(0,N_max):
        s_prime = np (variable) agent: int .nt
        for agent in
            s_prime[agent] = random.choices(neighbors[agent], weights = p[agent], k=1)[0]
            glb_state = s_prime

        obs_prime = observation(s_prime[agent_idx],s_prime)
        X[ii] = reward[s,totA[agent_idx] + collision_cost(glb_state) + gamma*V[s_prime[agent_idx]][obs_prime] + random.gauss
        if X[ii] < X_0:
            s_star = s_prime[agent_idx]
            X_0 = X[ii]

    rho_plus = 0
    rho_minus = 0
    X_sort = np.sort(X, axis = None)

    for ii in range(0;N_max):
        z_1 = (N_max + ii - 1)/N_max
        z_2 = (N_max - ii)/N_max
        z_3 = ii/N_max
        z_4 = (ii-1)/N_max
        rho_plus = rho_plus + abs(max(0,X_sort[ii]))**sigma * (z_1**eta_1/(z_1**eta_1 + (1-z_1)**eta_1)**(1/eta_1)-z_2**eta
        rho_minus = rho_minus + abs(min(0,X_sort[ii]))**sigma * (z_3**eta_2/(z_3**eta_2 + (1-z_3)**eta_2)**(1/eta_2)-z_4**eta
    rho = rho_plus - rho_minus

    return rho_plus, s_star
```

图 A-3　部分代码

图 A-3 是实验的部分代码，实验发现，理性的智能体相对更不在乎碰撞的产生，而有限理性智能体，由于其偏好参数决定其对惩罚更为敏感，相对会产生更少的碰撞。有限理性智能体在多智能体博弈中起到的作用仍然是一个值得探索的研究方向。尽管目前的研究已经取得了一定的成果，但如何将这些理论更好地应用于实际的、复杂的系统操作中，仍然是一个挑战。此外，随着学习环境的不断扩展，如何有效管理和优化大规模多智能体系统的学习策略，也将是未来研究的重点。

通过这样的研究，可以期待未来的智能系统不仅仅是执行命令的工具，更是能"理解"人类情感和偏好的伙伴。这样的系统将更好地融入人们的日常生活，提供更加个性化和人性化的服务。

# 附录 B 博弈与策略

博弈论是研究具有对抗性或合作性特征的决策制定过程的数学理论。它涉及多个参与者之间的战略互动，其中每个玩家在做出决策时都会考虑其他玩家的可能选择和行动。博弈论的目的是理解和预测这些互动的结果，并找出在给定情境下的最优策略。博弈论在多个领域都有广泛的应用，包括经济学、政治学、心理学、生物学、计算机科学等。

在强化学习领域中，学习和应用博弈论的概念显得尤为重要。强化学习是一种让智能体通过与环境的交互来学习最优行为的方法，它侧重于如何基于环境反馈（即奖励和惩罚）来调整行为，以实现长期目标。将博弈论的原则应用于强化学习，可以有效提升计算机智能，特别是在涉及多个智能体的复杂情境中。

强化学习中涉及多个智能体时，通常会引入多智能体强化学习（multi-agent reinforcement learning，MARL）的概念。多智能体强化学习是强化学习的扩展，考虑了多个相互作用的智能体，它们共同存在于一个共享的环境中，并通过采取动作来影响彼此和环境的状态。

多智能体强化学习问题可以被视为一种博弈，其中智能体之间存在相互竞争或合作的关系。博弈论提供了一种理论框架，用于研究多个智能体在共享环境中的相互作用和决策过程。

## B.1 什么是博弈

博弈论提供了一个研究理性主体之间战略互动的强大框架，这对于强化学习领域的发展至关重要。在多智能体环境中，每个智能体的决策不仅影响自身，也影响其他智能体。博弈论使我们能够分析和预测这些相互作用的结果，从而寻找最优或均衡策略。

例如，在棋牌游戏中，智能体不仅需要评估基于自身策略的最佳行动，还需考虑对手可能的响应。博弈论提供了理解和预测对手行为的工具，从而使智能体能够制定更有效的策略。此外，博弈论在设计能够适应复杂、动态环境的智能体时也非常有用，例如自动驾驶车辆或金融市场中的交易算法等诸多现实领域上。

囚徒困境是博弈论中一个经典的非零和博弈，展示了个体之间的合作与背叛之间的冲突。这个问题的典型设置如下：

两个犯罪嫌疑人被分别关押，无法相互沟通。警察向每个嫌疑人提出同样的交易：如果一个嫌疑人背叛对方（供出对方），而另一个保持沉默（不供出对方），背叛的那个将被释放，而保持沉默的将接受最重的刑罚。如果两人都沉默，他们都将接受较轻的刑罚。但如果他们都背叛对方，两人都将接受中等程度的刑罚。

囚徒困境可以用图 B-1 所示的支付矩阵（payoff matrix）来表示。

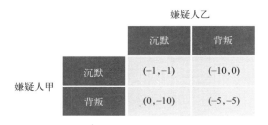

图 B-1　囚徒困境的支付矩阵

在这个矩阵中，每个单元格的两个数字分别代表两名玩家的支付（或收益）。例如，如果嫌疑人甲选择沉默，而嫌疑人乙选择背叛，那么嫌疑人甲的支付是 −10，嫌疑人乙的支付是 0。

在博弈论中，占优策略（dominant strategies）是不管参与者的对手如何行动，对于该参与者来说，嫌疑人双方到底应该选择哪一项策略，才能让自己个人的惩罚降至最低？

在上述囚徒的案例中，对于两名犯罪嫌疑人来说，"背叛"就是他们的占优策略。因此，最终两位嫌疑人均选择"背叛"，结果在（-5，-5）处达到均衡，这种博弈中稳定的局势就是纳什均衡（Nash equilibrium），即囚徒困境的纳什均衡发生在两位嫌疑人都选择背叛的情况下 ❶。

囚徒困境揭示了个体最优策略和集体最优结果之间的矛盾，即理性个体的最优决策可能不会导致最佳的整体结果。这个概念在经济学、政治学、心理学和社会学等领域都有广泛应用，尤其在分析市场竞争和社会互动时，提供了理解合作和竞争动态的重要视角。

利用 Python 程序描述上述囚徒困境的代码如下：

```python
# 博弈的支付矩阵
payoff_matrix = [[(-1, -1), (-10, 0)],
                 [(0, -10), (-5, -5)]]
# 玩家 1 的策略
def strategy1(payoff_matrix):
    # 选择收益最大的列
    col = max(enumerate(row[1] for row in payoff_
matrix),
key=lambda x: x[1])[0]
    return col
```

---

❶ 纳什均衡是以数学家约翰·纳什（John Nash）命名的一种非合作博弈中定义解决方案的最常见方式，该博弈涉及两个或多个参与者。在纳什均衡中，每个参与者被认为知道其他参与者的均衡策略，并且没有人通过单独改变自己的策略而获得任何利益。纳什证明了每个有限博弈中都存在一个纳什均衡。关于博弈的基本知识，读者可以参考其他书籍，也可以参看本丛书中的《搜索算法：人工智能如何寻觅最优》一书中的附录二，这里就不再赘述。

```
# 玩家 2 的策略
def strategy2(payoff_matrix):
    # 选择收益最大的行
    row = max(enumerate(col[1] for col in payoff_
matrix), key=lambda x: x[1])[0]
    return row

# 进行博弈
def play_game(strategy1, strategy2, payoff_matrix):
    row = strategy2(payoff_matrix)
    col = strategy1(payoff_matrix)
    return payoff_matrix[row][col]

# 测试策略
print(play_game(strategy1, strategy2, payoff_matrix))
```

结果显示：

```
(-5, -5)
```

## B.2 混合策略博弈

在博弈论中，参与者之间的相互影响是非常重要的，因为参与者之间的行为会相互影响，从而导致不同的结果。完全信息博弈中，如果每个博弈者在每个信息集下只能选择一种特定策略，那么这个策略就被称为纯策略（pure strategy）。纯策略是博弈论中最基本的策略形式。

此外，博弈论还引入了不确定性，即参与者不知道其他参与者将会做出什么决策，或者不知道环境将会如何影响结果。这种不确定性的引入使得博弈论可以应用于更广泛的情境，包括自然界中的生物互动、经济市场中的竞争、政治和社会决策等。

前文中已经介绍了概率与期望值的概念，考虑如下不确定性的博弈情景。

你与某人进行掷骰子的博弈，如果你掷出的点数是 6，则该人会给你 100 元，其他的点数则没有收益。此外，你要为每次的赌局付出 10 元，这种情况对你来说是否划算呢？

其实，每场博弈所带来的价值可以用期望值来衡量，出现 6 的概率是 $\frac{1}{6}$，出现其他点数的概率是 $\frac{5}{6}$，则这场博弈的期望收益为 $\frac{1}{6} \times 100$ 元 $+ \frac{5}{6} \times 0$ 元 $\approx 16.7$ 元 $> 10$ 元。也就是说，每次博弈的期望收益大于为之付出的成本，应该是可以参与博弈的。

再看博弈各方的利益是完全对立且收益之和为常数或零的零和博弈（zero-sum game）。零和博弈是博弈论中一个重要的概念，它不仅适用于棋类游戏、扑克等传统的游戏，也适用于经济学中的许多问题，如资源分配、价格竞争等。

两个参与者进行剪刀、石头和布的博弈。在这个博弈中，每位参与者有三个纯策略可供选择，即出剪刀、石头或布。如果两个玩家选择的策略相同，则平局；否则，石头砸剪刀、剪刀剪布、布包石头，胜者获得 1 分，失败者获得 $-1$ 分。两位参与者的支付矩阵如图 B-2 所示。

从结果看，该支付矩阵没有纯策略。因为在这种情况下，一旦参与者的策略被对手发现，对手就可以根据这种规律来预测博弈者的下一步行动，并采取相应的行动来获得优势。因此，博弈者通常会采用随机性的策略，也就是混合策略来避免对手的预测。混合策略（mixed strategy）是博弈者在某个信息集下，以一定的概率选择一种纯策略，从而使自己的选择变得不可预测，增加对手的难度。

那么该如何计算策略的概率呢？如果我们假设参与者甲出剪刀、石头、布的概率分别为 $p_1$、$p_2$、$p_3$，且 $p_1 + p_2 + p_3 = 1$，

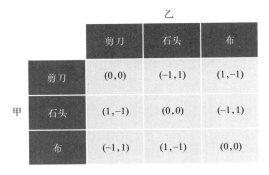

图 B-2　零和博弈的支付矩阵

其中 $p_1, p_2, p_3 \geq 0$。

- 剪刀：$\qquad\qquad 0 \times p_1 - p_2 + p_3$
- 石头：$\qquad\qquad 1 \times p_1 + 0 \times p_2 - p_3$
- 布：$\qquad\qquad -1 \times p_1 + p_2 - 0 \times p_3$

　　为了不让对方了解自己的决策规律，从而产生应对之策，参与者甲需要调整策略，即决定出剪刀、石头和布概率的大小，使得每种选择下期望收益均相等。计算可得 $p_1 = p_2 = p_3 = \dfrac{1}{3}$。同理可得参与者乙出剪刀、石头和布的概率也为 $\dfrac{1}{3}$。

　　通过解决这个问题，我们看到不是所有的博弈都存在纯策略纳什均衡，但是可以找到混合策略纳什均衡。混合策略纳什均衡是博弈论中的一种重要概念，它指的是在所有博弈者都采用混合策略的情况下，不存在任何一名博弈者能够通过改变自己的策略来增加自身的收益。

　　在剪刀石头布中，混合策略均衡为每个玩家出剪刀、石头、布的概率都为 $\dfrac{1}{3}$。这意味着玩家应该随机选择纯策略，使得出现任何一种纯策略的概率都是 $\dfrac{1}{3}$，每位参与者的期望收益为 0。

## B.3　序贯博弈

有些情况下，参与者不是同时选择策略，而是按照特定的顺序选择策略。这种情况下，每个参与者的选择可能会受到之前参与者选择的影响，因此需要考虑其他参与者可能采取的所有可能的策略，以选择最优策略。这类博弈就是序贯博弈。

常见的序贯博弈包括扩展式（extensive form）博弈。扩展式博弈是标准形式博弈的一种扩展，它可以表示为一个树形结构，其中每个节点表示一个参与者的决策点，每个边表示一个参与者的决策。

扩展式和标准式（normal form）（即支付矩阵）都是博弈分析中常用的工具。扩展式适用于序贯博弈，它通过树状结构显示所有可能的决策序列。

在扩展式博弈中，子博弈（subgame）是指能够提取出来单独进行博弈分析的部分。一个子博弈可以包括多个节点和相关的分支。通常情况下，一个博弈至少包括一个子博弈，即博弈本身，除博弈本身外的其他子博弈称为适当子博弈（proper subgame）。

如图 B-3 所示，公司 $B$ 想进入某领域，公司 $A$ 可以通过加大投资来阻止公司 $B$ 进入该领域。这种加大投资可以视作是公司 $A$ 的一种战略动作，旨在改变市场的结构。

在图 B-3 中，节点 $A$ 表示公司的决策，即投资或不投资。节点 $B_1$ 和节点 $B_2$ 表示公司 $B$ 是否进入该领域的决策。最右端括号内的数值分别代表公司 $A$ 和公司 $B$ 的收益，其中 $B_1$、$B_2$ 各自所引出的分支分别代表两个子博弈。实际上，节点 $A$ 开始的后续所有分支也属于子博弈，即每个博弈中至少包含一个子博弈（即博弈本身）。

图 B-3 中所示的结果表明，公司 $A$ 可以根据子博弈的后向归

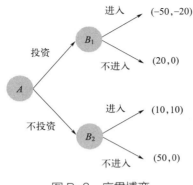

图 B-3　序贯博弈

纳法推断出公司 $B$ 的行为，$B_1$ 和 $B_2$ 是最后的决策：

- 在决策点 $B_1$，公司 $B$ 会选择不进入，因为没有收益（0）要好于亏损（-20）。

- 在决策点 $B_2$，公司 $B$ 会选择进入，因为有收益（10）要好于没收益（0）。

- 继续回溯到上一阶段，公司 $A$ 知道如果选择投资，那么则会有 20 单位的收益，而如果不投资则会有 10 单位的收益。

假如公司 $A$ 知道公司 $B$ 的决策均是在理性的背景下做出的，那么对于公司 $A$ 来说，选择投资就是最佳决策，序列（投资，不进入）就是图中博弈的子博弈的完美均衡。

## B.4　无限博弈与有限博弈

博弈论中的无限重复博弈（infinitely repeated games）是指参与者不断地重复同一种博弈结构，而这个重复的过程理论上没有终止。这种博弈中，每个参与者都会考虑其长期利益，因为博弈会无限次地进行下去。这与有限重复博弈不同，后者在有明确结束的情况下，参与者可能仅关注短期收益。

在无限重复博弈中，折现因子非常关键，它表示未来收益相对于当前收益的价值。折现因子的范围通常是 $0 \leqslant \delta \leqslant 1$。如果 $\delta$ 接近 1，表示参与者非常重视未来收益；如果 $\delta$ 接近 0，则表示参与者几乎只关心当前的收益。

在无限重复的博弈中，由于每个参与者都考虑到未来可能的互动，他们可能会选择合作，尽管在单次游戏中背叛可能会带来更高的即时收益。如果一个参与者背叛，其他参与者在未来的游戏中可以对其进行惩罚。这种策略被称为触发策略（trigger strategy）。

假设有两个公司 $A$ 和 $B$，它们都在相同市场上竞争，它们每年都要决定是维持价格稳定还是降价竞争。如果两家公司都选择维持价格，它们都能获得稳定的利润。但如果一家公司降价，它会在那一年获得更高的市场份额和利润，而另一家公司的利润会大幅下降。如果双方都降价，那么两家公司都会受损。

在一次游戏中，两家公司可能都倾向于降价以争取更大的市场份额，但在无限重复博弈中，每家公司都会考虑到降价行为将导致对方在未来游戏中的报复，从而陷入长期的价格战争，最终损害双方利益。因此，如果两家公司都重视长期收益（即折现因子 $\delta$ 较高），它们可能会选择一种隐性的合作策略，即维持价格稳定，以保证长期的稳定利润。通过这种方式，无限重复博弈的概念可以帮助解释现实中企业如何通过隐性合作来避免价格战等不利局面。

让我们以航空公司价格战为例来说明带有收益的无限重复博弈。假设有两家主要航空公司：航空公司 $A$ 和航空公司 $B$，它们竞争相同的航线。在任何给定时期，每家公司都可以选择高价策略（合作）或者通过降价（背叛）来争夺更多乘客。

• 如果两家公司都选择高价策略，它们都能获得稳定的利润，比如每家 1000 万美元。

- 如果一家公司选择降价，而另一家保持高价，降价的公司可能会获得更高的市场份额，收益增加到 1500 万美元，而另一家公司的收益下降到 500 万美元。

- 如果两家公司都降价，它们可能都会获得更少的收益，比如各自 700 万美元，因为价格战损害了双方的利益。

在无限重复博弈中，两家公司会考虑到今天的行为会影响到对方未来的行为。如果航空公司 A 认为通过一次降价可以获得即时的高收益，但会导致航空公司 B 在未来降价报复，长期来看，两家公司都将陷入价格战，从而减少总收益。

使用折现因子的决策：如果两家公司都非常重视未来的收益（即它们有较高的折现因子 $\delta$），它们可能会避免一次性的利益诱惑，而选择长期合作。设定合理的折现因子，假设为 0.9，意味着未来收益对公司来说仍然很重要。

- 合作状态下的长期收益：如果双方都保持合作，他们每年都能稳定获得 1000 万美元，考虑到折现因子，多年的累积收益会非常可观。

- 短期背叛后的长期损失：如果一方选择背叛，即使一时获得 1500 万美元，未来可能会因为连续的价格战而导致双方收益大幅降低。

因此，当航空公司 A 和 B 考虑到长期的互动和未来收益的折现时，它们可能会选择维持高价策略，避免价格战。实际中，这种隐性的合作可能通过各种方式体现，例如通过观察对方的定价行为并相应调整自己的价格策略。长期来看，这种策略有助于两家公司保持稳定的收益，避免了破坏性的价格竞争。

在有限重复博弈（finitely repeated games）中，参与者们知道游戏将在特定的回合数后结束。这一点与无限重复博弈的主要区别在于，参与者们在做决策时会考虑到博弈的有限性，特别是随着游戏接近尾声，他们的策略可能发生变化。

有限重复博弈中的博弈者会通过向前归纳的方式进行策略决策。这意味着他们会从最后一轮开始考虑，逆向思考每一轮的最优策略。关键的是，由于博弈有明确的结束点，参与者可能在游戏的后期采取更为激进或者短视的行为。

- 最后一轮效应：在有限重复博弈的最后一轮，因为没有未来的游戏可以影响，博弈者往往会选择一次性游戏的纳什均衡策略。例如，在囚徒困境中，两个理性的参与者在最后一轮都会选择背叛，因为这一轮之后没有未来的回合可以受到影响。

- 倒推效应：由于最后一轮的策略是确定的，所以参与者会考虑倒数第二轮。意识到在倒数第二轮，由于对手在最后一轮会选择背叛，因此在倒数第二轮也倾向于选择背叛。这种推理会继续向前推进，最终可能导致从一开始就采取纳什均衡的策略。

在现实生活中，有限重复博弈的常见例子包括任何有明确结束点的交互，如季节性市场竞争、政治选举周期，以及特定期限的合同协商等。在这些情况下，参与者通常在接近结束时变得更加自私或短视，因为他们知道没有足够的未来回合来惩罚或奖励当前的行为。

有限重复博弈中，策略的动态和博弈的结果明显不同于无限重复博弈。参与者在有限重复博弈中更可能倾向于短期利益，而在无限重复博弈中，则更可能追求长期合作的策略。这个差异突显了未来回合的预期和结束点知识如何深刻影响参与者的决策过程和结果。

当一个有限次的重复博弈次数很多且重复间隔时间长时，收益的时间价值（即货币随时间贬值的概念）变得重要。在这种情况下，及早获得的收益比延迟获得的收益更有价值，因为及早获得的收益可以投资或利用，从而产生额外的回报。

在这种情况下，可以引入贴现因子来考虑时间因素的影响。贴现因子通常是一个小于 1 的数值，表示未来收益相对于现在收益的价值。

假设一个参与了 $T$ 次（有限）重复博弈的玩家，在某一均衡下的各阶段收益分别为 $R_1, R_2, \cdots, R_T$，则考虑时间价值的重复博弈总收益的现值如下：

$$R = R_1 + \gamma R_2 + \gamma^2 R_3 + \cdots + \gamma^{T-1} R_T = \sum_{t=1}^{T} \gamma^{t-1} R_t$$

如果各阶段的收益金额不同，可以使用如下的 Python 程序计算总收益的现值。

```python
# 输入期数和折现率
n = int(input("请输入期数: "))
r = float(input("请输入年利率: "))

# 初始化总收益现值为 0
pv = 0

# 循环输入每期的现金流量
for t in range(1, n+1):
    cf = float(input("请输入第 " + str(t) + " 期的现金流量: "))
    pv += cf / (1+r)**t

# 输出结果
print("总收益的现值为: ", round(pv, 2))
```

结果显示：

```
请输入期数: 5
请输入年利率: 0.05
请输入第 1 期的现金流量: 1000
```

请输入第 2 期的现金流量：2000
请输入第 3 期的现金流量：3000
请输入第 4 期的现金流量：4000
请输入第 5 期的现金流量：5000
总收益的现值为： 12566.39

如果各阶段的收益金额相同，可以使用如下的 Python 程序计算总收益的现值。

```
# 输入期数、每期的收益和折现率
n = int(input("请输入期数："))
pmt = float(input("请输入每期的收益："))
r = float(input("请输入年利率："))

# 计算现值
pv = (pmt/r) * (1 - 1/(1+r)**n)

# 输出结果
print("总收益的现值为：", round(pv, 2))
```

结果显示：

请输入期数：5
请输入每期的收益：3000
请输入年利率：0.05
总收益的现值为： 12988.43

# 附录 C　收益衡量

在强化学习的框架内，累积期望收益的最大化是一个核心目标，其中涉及对收益的不同认知和处理方式，这与理性人和有限理性人的概念相关。

理性人是经济学和决策理论中的一个概念，指的是在做出决策时总是寻求最大化自己利益的个体。在强化学习中，这意味着"理性"的智能体会试图最大化其长期累积的期望收益。

期望值理论（expected value theory）是一种决策理论，它假设个体会选择期望收益最大的行动。在强化学习中，期望值是对未来收益的平均预测，智能体根据可能的结果及其概率来计算每种行动的期望回报，并选择具有最高期望回报的行动。

在现实世界中，个体做出决策时不仅考虑收益的期望值，还会考虑收益的效用，即收益对个体的主观价值。期望效用理论（expected utility theory）建议个体会选择最大化其期望效用的行动。在强化学习中，期望效用最大化可以被理解为智能体不仅考虑行动的期望回报，还考虑与这些回报相关的其他因素，如风险偏好或特定目标的重要性。

有限理性人是指在决策过程中受到认知限制、信息不完全或时间限制等因素影响的个体。前景理论（prospect theory）是一种从某种意义上说替代期望效用理论的决策理论，特别用于描述在面对风险时个体的决策行为，它考虑了个体如何基于潜在损失或收益的相对价值（而非绝对价值）来做出决策。在强化学习中，这意味着智能体的行动选择可能受到潜在回报的感知价值或损失厌恶等因素影响。

在强化学习中，理性智能体可能采用期望值理论或期望效用理论来最大化累积期望收益，而有限理性智能体可能更符合前景理论的行为模式。这些理论为理解和设计智能体提供了不同的视角，帮助他们在复杂而不确定的环境中做出更有效的决策。

## C.1 理性收益：期望价值

每个人在人生中都会经历许多选择和决策，例如选择大学专业、职业发展、婚姻和家庭等。这些选择和决策都会对我们的未来产生深远的影响，因此我们需要仔细思考和权衡利弊，以做出最优的决策。

在强化学习中，智能体也需要不断地做出决策，以实现其目标。这些决策可能涉及选择哪些行动、何时采取行动以及如何平衡探索和利用等问题。通过不断学习和优化策略，智能体可以逐渐提高自己的决策能力，最终实现最优的决策策略。因此，选择和决策是人生和强化学习中不可或缺的一部分，也是我们不断前进和成长的关键。

荷兰赌（Dutch book）描述了博彩公司如何通过设定特定的赔率和赌注来确保自己无论赌博事件的结果如何都能盈利。例如，在赛马中，无论哪匹马获胜，由于赔率的设置，博彩公司都能确保自己的收益。这种现象通常与赔率所暗示的概率不一致有关。

但这种不一致性并不仅仅出现在赌博中，它触及了概率论的核心，特别是主观概率与客观或真实概率之间的区别。主观概率基于个人的信仰或判断，而真实概率则描述了事件发生的实际机会。当人们的主观概率与真实概率不一致时，他们可能会做出不理智的决策，从而导致损失。

在哲学中，荷兰赌被用作一个工具，用于探索我们对某些事物的信仰或确定性有多强烈。而在经济学中，它描述了一系列交易，其中一方可能因为他们的非理性偏好或对概率的误判而受损，而另一方则可能从中受益。

这个概念强调了理解和正确评估概率的重要性。当我们的决策建立在错误的主观概率基础上时，无论是在赌博、经济交易还是日常生活中，我们都可能面临不必要的风险和损失。

未来的选择面临着不同的收益，那么如何决策才能更加理性呢，一种理性的决策方式就是根据期望值最大化原则选择。

期望值最大化原则是决策理论中的一个核心概念，用于在面临不确定性时做出理性的决策。它建议我们评估每个可能选择的预期收益，然后选择那个具有最大期望值的选项。

以下是根据期望值最大化原则进行决策的基本步骤：

① 定义可能的选择。首先，列出所有可行的决策选项。

② 评估每个选择的潜在收益。对于每个选项，估计其可能的结果及其相应的概率。例如，如果你考虑投资某个项目，你可能会估计成功的概率和失败的概率，以及每种情况下的潜在回报。

③ 计算期望值。对于每个选项，使用以下公式计算期望值：

$$期望值 = \sum (概率 \times 潜在收益)$$

通过上述公式可知，人们需要将每个可能结果的概率与其潜在收益相乘，然后将所有这些值加起来。

④ 选择最大期望值的选项。这是基于这样一个理念，即随着时间的推移，选择期望值最大的选项将带来最佳的平均结果。

使用期望值最大化原则进行决策的一个主要优点是它为决策者提供了一个明确的基于数学的框架，来评估不同的选项。

这里用一个简单的投资决策案例对期望值理论进行说明，假设你想用 10 万元在以下两个项目中进行投资：

• 项目 A：一个稳定的低风险的债券投资。由于它是低风险的，有 90% 的概率你的投资会增长 10%，但也有 10% 的概率市场会下滑，你会损失 5%。

- 项目 B：一个新的高风险的初创企业投资。作为一个高风险投资，有 50% 的概率你的投资会增长 50%，但也有 50% 的概率该初创企业会失败，你会损失 50%。

分别计算两个项目的期望值

- 项目 A 的期望值：$0.90 \times 10$ 万元 $\times 10\% + 0.10 \times 10$ 万元 $\times (-5\%) = 0.85$ 万元
- 项目 B 的期望值：$0.50 \times 10$ 万元 $\times 50\% + 0.50 \times 10$ 万元 $\times (-50\%) = 0$ 万元

根据期望值最大化原则，你应该选择项目 A，因为它的预期收益是 8500 元，而项目 B 的预期收益是 0。

然而，利用期望值理论进行决策也有其局限性，考虑如下的场景。

游戏的规则如下：赌场提供给玩家一个机会，每阶段都掷一个硬币。最初的投注为 2 元，并在每次掷出反面时翻倍。当掷出正面时，游戏结束，玩家获得当前的投注。例如，玩家可能在第 1 次投掷时赢得 2 元，或在第 3 次掷出正面前连续掷出两次反面，从而赢得 8 元，也就是前 $n-1$ 轮输，但是第 $n$ 轮赢可以得到 $2^n$ 元。玩家赢得的金额是 2 的 $n+1$ 次方元，其中 $n$ 是连续掷出反面的次数，即：

$$E = \frac{1}{2} \times 2 + \frac{1}{4} \times 4 + \frac{1}{8} \times 8 + \frac{1}{16} \times 16 + \cdots$$
$$= 1 + 1 + 1 + 1 + \cdots$$
$$= \infty$$

那么，玩家应该为参与这个游戏支付多少钱呢？从期望值的角度来看，虽然这个游戏的期望收益是无限的，但根据当时的调研结果来看，只有少数参与者愿意最多支付 25 元。这说明在决策中除了期望值外还有其他因素需要考虑。

上述问题就是有名的圣彼得堡悖论（St. Petersburg paradox），最早是由尼古拉·伯努利（Nicolas Bernoulli）在 1713 年提出的，并在他写给法国数学家皮耶·雷蒙德·德蒙特（Pierre Raymond de Montmort）的信中进行了描述。圣彼得堡悖论的名字来自尼古拉的堂兄丹尼尔·伯努利（Daniel Bernoulli），他于 1738 年在圣彼得堡皇家科学院的评论中发表了自己对这个问题的看法。

圣彼得堡悖论说明尽管理论上游戏的预期回报是无限的，但对参与者来说似乎认为其只值一小笔钱。这个悖论揭示了一个情境，即仅考虑期望值可能不太符合现实世界人们的行为决策。

## C.2  效用收益：期望效用

1738 年，丹尼尔·伯努利为了解决圣彼得堡悖论，提出了期望效用理论（expected utility theory），这一理论对经济学和决策理论产生了深远的影响。他的论文中主要包括两个核心原理：

- 边际效用递减原理：这一原理表明，虽然一个人对财富的追求是无止境的，即更多的财富带来的满足感或效用总是正的（效用函数的一阶导数大于零），但随着财富的增加，这种满足感的增长速度会逐渐减慢。换句话说，当一个人已经拥有了很多财富时，他从额外的财富中得到的满足感会比财富较少时得到的少。这可以通过效用函数的二阶导数小于零来表示。

- 最大效用原理：在面对风险和不确定性时，个人不是为了最大化预期的财富值，而是为了最大化他们的预期效用。

不同的人对风险有不同的态度，以反映在他们的效用函数上。有些人是风险厌恶（risk averse）的，他们宁愿选择确定的较低的回报，也不愿意冒风险去追求更高的回报。有些人是风险追求（risk seeking）的，他们愿意冒更大的风险去追求更高的回报。还有些人则表现出对风险的中立（risk neutral）。

　　假定某人初始财富为 10000 元，他正在考虑是否参加一个赌局。假设这个赌局有 50% 的机会赢得 5000 元，然而也有 50% 的机会输掉 5000 元。根据前文内容可知，这一赌局的期望值为 10000，期望收益为 0。

　　假设此时的效用函数 $U$ 为一个凹函数，此时的期望效用为：

$$0.5U(5000)+0.5U(15000)$$

　　如图 C-1 所示，纵轴 $U$ 代表效用值，横轴 $W$ 代表资金值。此时的效用函数图形为凹函数，赌局的期望值的效用 $U(10000)$ 大于期望效用，因此，偏好为风险厌恶型的人会选择规避风险。

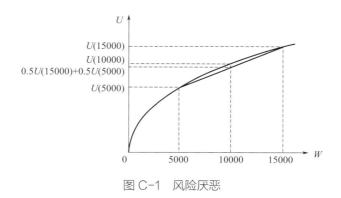

图 C-1　风险厌恶

　　假设赌局仍然不变，此时的效用函数图形为凸函数，如图 C-2 所示，偏好为风险寻求型的人会选择参与赌局，因为此时赌局的期望值的效 $U$ 用 (10000) 小于期望效用。

　　仍是该赌局，此时的函数图形为线性函数，如图 C-3 所示，偏好为风险中立型的人所面对的赌局期望值的效用 $U(10000)$ 等于期望效用。

　　期望效用理论为我们提供了一个框架，可以更好地理解在风险和不确定性下的决策行为。

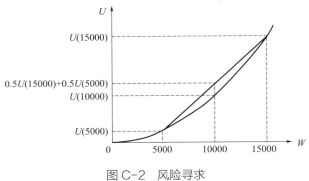

图 C-2　风险寻求

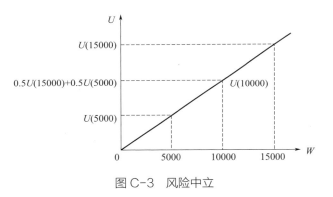

图 C-3　风险中立

## C.3　情感收益：前景理论

前景理论（prospect theory）是行为经济学最重要的理论之一，也在判断和决策领域有着深远的影响。该理论于 1979 年由丹尼尔·卡内曼（Daniel Kahneman）和阿莫斯·特沃斯基（Amos Tversky）提出 [1]。

---

[1] Kahneman D, Tversky A. Prospect Theory: An Analysis of Decision under Risk. Econometrica, 1979, 47 (2): 263–291.

1992年，丹尼尔·卡内曼和阿莫斯·特沃斯基发表了累积前景理论（cumulative prospect theory，简称 CPT）的论文，进一步完善了前景理论中一些细节问题 ❶。丹尼尔·卡内曼因他提出前景理论及后续的相关工作，于 2002 年被授予了诺贝尔经济学奖，这一奖项认可了前景理论对经济学和决策科学的深刻影响。遗憾的是，阿莫斯·特沃斯基在此之前英年早逝，未能共同获得这一荣誉。

前景理论的出现标志着一种全新的方法来理解人类决策行为，与传统的经济学理论有明显的不同 ❷。前景理论对于解释为什么人们在面对不确定性和风险时常常做出非理性的选择，以及如何在这种情境下更准确地预测和理解人的行为，提供了宝贵的见解。

前景理论的发展代表了对经济学和决策科学范式的一次革命性颠覆，它强调了心理学因素在决策中的关键作用，包括损失厌恶、概率权重和参考点的概念。这些基本概念不仅改变了我们对决策行为的理解，还对金融、市场行为和政策制定产生了广泛的影响。前景理论的发展不仅为卡内曼和特沃斯基赢得了诺贝尔奖，还推动了整个行为经济学领域的繁荣和进步。

前景理论的核心概念之一是损失厌恶（loss aversion），它涵盖了一系列现象，强调了人们在面对损失时的情感反应和非对称评估。根据前景理论，个体对于损失的情感反应远远大于等值收益。

假设李先生购买了一只股票，每股价格为 100 元。几个月后，股票价值上涨到 120 元。但不久之后，股票价格下跌到 110 元。尽管李先生仍然获得了 10 元的利润，但他很可能更关注从 120 元下跌到 110 元的 10 元损失，而不是从原始的 100 元上涨到 110 元的 10 元收益。

---

❶ Tversky A, Kahneman D. Advances in prospect theory: Cumulative representation of uncertainty. Journal of Risk and Uncertainty, 1992, 5 (4): 297–323.

❷ 本书中如果没有特别说明，前景理论与累积前景理论统称为前景理论。

这种行为反映了损失厌恶的概念，即人们对损失的反应通常比对同等金额收益的反应要强烈得多。在这个例子中，李先生对10元的损失感到不满，而这种不满可能远远超过他对先前10元收益的满意度。

在上面的案例中，实际上还有一个关键的概念——参考点（reference point）。不同个体和不同情境中的参考点是不同的，参考点通常是与个体的当前状态或预期的结果相关联的点，参考点的相对性意味着一个人的参考点可以在不同时间和情境下发生变化。

在上面的案例中，最初李先生是按照每股100元的价格作为参考点，因此如果此时股价变为每股110元，李先生会有一种获得收益的心理。然而，当股价涨到每股120元时，120元成为李先生的参考点，因此再次跌回110元价格时，此时的110元感觉像是一个损失而让李先生不适，尽管该价格仍然高于最初购买时的100元。

从上面的案例可以看到，前景理论与传统的期望效用理论形成鲜明对比。前景理论强调决策是相对的，与参考点及潜在的损失和收益相关，而期望效用理论则假设决策是绝对的，基于期望效用的最大值。这意味着前景理论更好地捕捉了人们实际决策中的情感和非理性元素，而不仅仅是理性的利益最大化。

前景理论的损失厌恶和非对称评估概念帮助我们理解为什么人们在面对决策时可能会选择规避风险、对损失过于担忧，以及为什么他们在评估损失和收益时不遵循传统的期望效用理论。这些观点为我们提供了更全面的框架来分析和解释人类行为，特别是在金融和投资领域中。

前景理论也涉及与收益有关的规避风险和与损失有关的寻求风险，这些原则在不同情境下影响人们的决策方式，体现了前景理论的实际运作方式。

当个体面临可能获得收益的选择时，前景理论指出他们倾向于风险规避。在涉及可能损失的情况下，前景理论指出个体更倾向于寻求风险。

根据参考点、损失厌恶，风险规避、风险寻求等概念，我们可以得到如图 C-4 所示的前景理论的价值函数的图形，从图中可以看到，以参考点为 0 点，面对收益时人们通常表现出风险规避，而面对损失时表现出风险寻求。当面对等量的收益与损失时，可以从图中看到收益带来的正向价值要明显小于损失带来的负向价值。

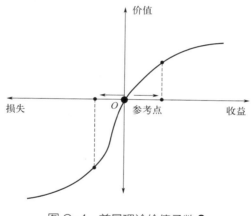

图 C-4　前景理论价值函数 ❶

除了价值，前景理论还强调了人们在决策中对概率的评估和权重分配存在的偏差，这对风险感知和决策制定产生了深远影响。

前景理论与期望效用理论的不同，也体现在对待概率的态度

---

❶ 该图给出了累积前景理论中价值函数的形状，即当 $x \geqslant 0$ 时，$v(x)=x^{\alpha}$；当 $x < 0$ 时，$v(x)=-\lambda(-x)^{\alpha}$，其中 $x$ 是美元的收益或损失。作者根据实验数据估计 $\alpha = 0.88$ 且 $\lambda = 2.25$。

上。根据前景理论，人们对待概率也有一种非线性的变化，即倾向于过度强调低概率事件，即给予罕见事件更高的权重。这意味着他们认为低概率事件更有可能发生，如图 C-5 所示，其中纵轴为主观概率 $\pi(P)$，横轴为客观概率 $P$。

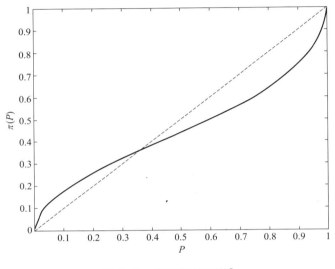

图 C-5　概率权重函数 ❶

概率权重函数（probability weighting function）是前景理论中的关键组成部分，它描述了人们是如何对不同概率进行主观评估的。简单地说，这个函数捕捉了人们对于客观概率的非线性反应，

---

❶ 该图其实是累积前景理论中概率权重函数的图形，与前景理论的原始版本相比，这个版本的不同之处在于，它将权重应用于累积概率分布函数，而不是应用于单独的结果概率，概率权重函数的公式如下所示：

$$\pi(P) = \frac{P^{\gamma}}{\left[P^{\gamma} + (1-P)^{\gamma}\right]^{\gamma}}, \ 0 < \gamma \leqslant 1$$

式中，$P$ 为客观概率。图中的实曲线对应于 $\gamma = 0.65$；当 $\gamma = 1$ 时为图中虚线。考虑到前文中的价值函数，前景理论的值为 $V = \sum \pi(P_i)v(x_i)$。

显示了人们如何赋予某些概率过高或过低的权重。

概率权重函数的形状通常是 S 形的，意味着在小概率和大概率的两端，函数的斜率都很陡峭，这表明人们对于这些极端概率的反应非常敏感。而在中等概率范围，函数的斜率较为平坦，表明人们对这些概率的反应较为迟钝。

这种现象在生活中十分常见。比如，李先生经常需要出差，但他对坐飞机感到非常害怕，尽管统计数据显示，飞机事故的概率极低，甚至低于许多其他交通工具的事故概率，但每次飞行他都会非常紧张，尤其是当他看到新闻上报道的飞机事故或听说某个航班出现问题时，紧张的情绪尤为明显，从而可能宁愿选择乘坐汽车出行，尽管根据统计数据显示，汽车出现交通事故的概率远高于飞机。在这种情况下，李先生过分重视了飞机事故的微小可能性，错误地低估了交通事故的风险。

上面的例子说明了前景理论中人们在决策时对待概率的不同态度影响了人们的决策方式。根据前景理论，人们面对风险时呈现出风险态度四重模式（fourfold pattern of risk attitudes）。风险态度的四重模式说明人们针对风险的态度是综合了收益、损失与概率的结果，如图 C-6 所示。

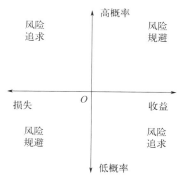

图 C-6　风险的四分模式

从图 C-6 中可以看出，概率高时，人们对于收益是风险规避，而对于损失却是风险寻求的；概率低时，对于收益是风险追求，而对于损失是风险规避的。这种综合考虑的方式使得前景理论在解释决策问题时，更加与现实相贴近❶。

---

❶ 前景理论中涉及的有趣案例很多，感兴趣的读者可以参看丹尼尔·卡尼曼的《思考，快与慢》、理查德·塞勒的《助推》以及龚超的《前景理论与决策那些事儿——一本正经的非理性》等相关图书。